유기견 입양 교과서

The Dog Rescue Handbook

활동가, 자원봉사자, 입양자, 임보자가
한 번쯤 보기를 권하는 책

유기견 입양 교과서

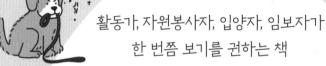

개를 올바로 이해하는 것이 유기견 입양의 시작이다

몇 년 전 지역 동물구조단체로부터 보호 중인 개와 관련된 문제로 도와달라는 요청을 받았다. 쌍둥이 딸을 돌보는 전업 아빠이자 구조단체를 운영하면서 틈틈이 개 행동문제 전문가로 일하다 보니 도저히 시간을 낼 수 없었지만 요청을 거절하지 못했다. 위기에 처한 개를 돕는 일에 헌신하는 사람이라면 누구든 같은 결정을 내렸을 것이다.

보호소에 도착하자마자 견사로 갔다. 시설이 상당히 낡아서 재정비가 절실해 보였지만 비영리단체가 대부분 그렇듯 빈곤한 재정 때문에 임시변통만 하고 있었다. 견사의 시멘트 바닥은 깨지고, 문의 철망은 휘었고, 벽에는 검은 얼룩이 있었다. 조명이 어두운데다 사람이 들어서기만 해도 누구든 상관없이 개들이

미친 듯이 짖어대는 통에 그야말로 혼돈 그 자체였다.

참담한 환경 같겠지만 그곳에 수용된 개들은 그나마 운이 좋은 녀석들이다. 학대나 방임 등 열악한 환경에서 구조되어 그곳으로 들어왔거나, 굶주림에 시달리는 거리 생활에서 구조된 경우기 때문이다. 간혹 사랑하는 가족에게서 버림받은 후 바로 이곳에 들어오기도 했다.

적어도 이 개들은 '구조'되었다. 당장은 그렇게 보이지 않을 수도 있지만 어쨌든 그들의 견생은 가능성으로 가득 찬 새로운 미래를 향해 방향을 전환한 것이다. 이 개들은 지금, 모든 개는 궁극적인 행복을 마땅히 가져야 한다고 생각하는 사람들, 그걸 위해서 기꺼이 자신의 삶을 바치는 사람들에게 둘러싸여 있으니까!

앞으로 갈 길이 멀어 보이기는 해도 보호소의 개들은 그들을 사랑하고 보호하고 좋은 가족을 찾아주기 위해 부단히 노력하는 사람들을 만났다. 극복해야 할 장애물도 있지만 그곳에 머무르며 필요한 지원을 받는다면 평생 함께할 수 있는 가족을 만날 수 있을 것이다.

그런데 그곳에서 개를 돕는 사람들 중 누구도 개들이 가족을 찾을 수 있는 기회를 자신이 뺏고 있다고는 상상도 하지 못할 것이다.

봉사자와 견사를 따라 걸으며 개의 얼굴을 하나하나 봤다. 늘 그렇듯 가슴이 아려왔다. 보호소에 가 본 사람이라면 그것이 어떤 감정인지 잘 알 것이다. 이런 상황에 갇혀 있는 개에 대한 서글픔, 전부 집으로 데려가고 싶은 충동, 그들을 도와야 한다는 절박함 같은 것 말이다. 감당하기 힘든 그리고 결코 사라지지 않는 감정이다. 구조를 위해 아무리 오래, 많은 일을 해왔다 해도 언제나 부족한 것 같은 마음이다.

봉사자가 한 견사 앞에서 걸음을 멈췄다. 체중이 8킬로그램 정도 되는 연한 갈색의 잡종 개였다. 온갖 종이 섞여서 어떻게 보면 셰퍼드가, 다시 보면 래브라도가 보이는 녀석이었다. 그야 말로 진정한 잡종 개. 모든 보호소에서 가장 흔하게 볼 수 있는 종이다.

봉사자는 그 개가 세 명의 봉사자를 물었다는 이야기를 하며 앞으로 그 개가 어떻게 될지 걱정했다. 사람을 세 차례나 문 적이 있는 개의 입양 공지를 올릴 수 없기 때문이다. 사람을 무는 개를 키우겠다고 나설 사람이 얼마나 되겠는가?

개를 도우려면 많은 정보가 필요하다. 먼저 개가 사람을 처음 물었던 상황에 대해서 물었다.

사고가 생겼던 상황에 대한 상세한 설명을 주의 깊게 들으면서 머릿속으로 현장을 그려보았다. 첫 번째 사고에 이어 두 번째, 세 번째 사고까지 모두 듣고 난 뒤 각각의 사고가 모두 자원봉사자들의 잘못 때문에 발생했음을 확신했다. 사람이 무의식적으로 자초한 일이었다. 개 행동학과 개의 몸짓 언어에 대한 전문가인 내 눈에는 안타까울 정도로 상황이 명확하게 보였다. 개를 그런 상황으로 몰아넣어서는 안 된다. 개는 봉사자들이 시도한 일방적인 의사소통에 참여할 준비가 전혀 되어 있지 않은 상태였다. 더욱이 각각의 사건이 일어나는 동안 개는 몸짓 언어로 자신에게 강요되는 상황이 불쾌하다는 의사를 매번 분명히 전달했다.

봉사자들은 순수한 선의를 가지고 개를 돌보는 데 헌신했음에도 불구하고 개에 대해 제대로 교육받지 못했기 때문에 개가 보내는 거부 신호를 알아차리지 못했다. 그들이 개에게 물리기를 원한 것은 아니겠지만 그런 일이 일어나게 만든 것은 바로 그들이었다. 결국 개가 입양될 가능성은 현저히 낮아졌다.

그래서 이 책을 쓰게 되었다. 보호소의 개를 돕고자 노력하는 활동가와 봉사자들을 무시하거나 나무라기 위해서가 아니다. 개를 올바르게 이해하는 교육이 얼마나 중요한지 그리고 그것이 개에게 어떤 영향을 미치는지 알려주고 싶었다.

지나간 일을 지적하는 것은 이 책의 목적이 아니다. 앞으로 우리가 돌보게 될 다양한 유형의 개들에 대해 미리 살펴보고 어떻게 하면 그들을 위해 최선의 봉사를 할 수 있는지를 알려주기 위한 것이다. 과거에 잘못했더라도 자책해서는 안 된다. 그때는 당시에 알고 있는 한도 내에서 최선을 다한 것이니까.

뒤돌아보지 말자. 앞을 보자.

이 책을 읽는 동안 과거를 돌아보면서 혹시 자신이 어떤 잘못을 저질렀는지에 골몰하지 않기를 바란다. 대신 더 많은 지식으로 무장해서 현재 맡은 개를 더 잘 돌보는 데 이용하기를 바란다. 그리고 다른 사람들에게도 전달해 주기 바란다.

모든 것은 발전해야 한다. 동물구조도 마찬가지다. 이제 함께 지식을 습득하고 우리의 능력을 최대한 발휘해서 개에게 새로운 가족을 찾아주는 임무를 성공적으로 완수할 수 있는 길을 찾아보자. 더 나은 기술과 더 많은 지식을 갖춘다면 우리가 돌보는 개에게 더 큰 변화를 가져다 줄 수 있을 것이다.

이 책을 페른 도그 구조재단The Fern Dog Rescue Foundation의

경이로운 자원봉사자들에게 바친다.

차례

1장 개는 읽으라고 펼쳐놓은 책과 같다

개와 좋은 관계를 맺고 싶다면 개를 제대로 알아야 한다. 개라는 존재에 대해 이해해야 하고, 개가 우리에게 하는 말을 이해할 수 있어야 한다. 개의 몸짓 언어와 사회적 신호를 읽는 법, 개들이 원하는 개답게 사는 것이 무엇인지 알아본다.

2장 구조된 개와 처음 만나는 방법

활동가, 봉사자가 구조되어 보호소에 온 개를 처음 만나면 대부분 다가가 괜찮다고 다독여 주고 싶어 한다. 하지만 그보다 중요한 것은 아무것도 하지 않고 그저 관찰하는 것이다. 사람들은 유기견에 대한 연민을 억눌러야 할 때가 있다.

3장 두려움과 불안을 느끼는 개

개가 두려움을 느끼는 대상은 사람, 개, 환경이다. 각각의 경우 개가 견딜 수 있는 수용 한계를 파악하고 천천히 교육을 시작한다. 개가 한 걸음씩 나아갈 때마다 개의 신뢰를 얻는 것이다.

4장 공격적인 개

개는 느닷없이 뭔가를 하지 않는다. 따라서 개가 우리에게 하는 말을 이해하기 위해서 개를 주의 깊게 관찰해야 한다. 공격적인 개가 무는 게 아니라 두려움을 느끼는 개가 문다. 두려움, 개, 사람, 물건, 공간 등 개의 공격성을 자극하는 여러 가지 원인을 파악하고 그에 맞는 교육법에 대해 알아본다.

5장 보호소의 강아지

보호소는 부정적인 경험이 많은 곳이어서 강아지가 오래 머물면 문제행동을 하는 성견이 될 가능성이 있다. 가급적 빨리 보호소를 벗어나야 한다. 다행히 강아지는 막강한 귀여움으로 성견보다 빨리 입양되므로 사회화 교육, 배변 교육 등 필수적인 교육을 시작한다. 특히 사회화로 향하는 문은 강아지가 크면서 하나씩 닫히니 미뤄서는 안 된다.

6장 보호소의 개 입양 보낼 준비하기

유기견은 신체적·행동적 문제가 있어 버림받았다고 생각하지만 좋은 반려인을 만나지 못한 불운이 있었을 뿐 대부분 아무 문제도 없다. 보호소 검사에서 생활해서 장벽 공격성을 보이기도 하지만 입양되면 대부분 평범한 개로 돌아간다. 유기견을 도우려는 열정은 가득하지만 전문성이 부족한 단체, 활동가, 봉사자를 위한 조언.

7장 임보 가정에서 해야 할 일

임보는 입양 전에 단순히 머무르는 곳이 아니라 개가 사람과 조화롭게 사는 법을 배우는 시기로 개를 비참한 삶에서 구해 내는 최선의 방법이다. 입양된 개가 예측하지 못했던 행동 문제로 파양되는 경우가 많으므로 임보 시기에 문제가 있다면 반드시 개선해야 한다. 따라서 임보 기간에는 많은 규칙을 엄격하게 적용한다. 구조되었으니 마음껏 자유를 주고 싶은 연민이 작동하겠지만 자유는 주기는 쉽지만 뺏기는 어렵다.

8장 입양하고픈 개로 만들기

보호소에서 개를 체계적으로 돌보기는 힘들다. 하지만 일반 가정에서의 생활에 적응할 수 있도록 기본적인 것은 반드시 가르쳐야 한다. 그리고 인간과 마찬가지로 개도 첫인상이 중요하다. 이름 짓기부터 꾸미기까지 입양하고픈 개로 만드는 방법을 소개한다.

9장 여러 방식으로 개를 노출한다

보호소에 찾아오는 사람들만 바라보고 있을 수는 없다. 개를 입양시킬 수 있는 가장 좋은 방법은 사람과 개를 직접 만나게 하는 것이다. 더 많은 사람과 만날수록 입양될 가능성은 높아진다. 또한 온라인을 통한 입양 홍보를 통해 사람들의 마음을 끄는 것도 중요하다.

10장 개와 찰떡궁합 가족 찾기

어떤 집이든 보호소나 길보다는 낫겠지만 맞는 가족이 아니면 결국 파양되고, 한 번 파양되면 재입양 확률이 급격하게 떨어진다. 그래서 입양 지원서, 가정 방문 등 좋은 입양자를 찾기 위한 여러 단계의 심사가 필요하다. 우리가 개에게 찾아주려는 것은 집이 아니라 가족이다.

1장
개는 읽으라고 펼쳐놓은
책과 같다

동물보호단체에서 구조한 개가 자원봉사자 세 명을 물었고, 개는 입양 기회를 잃었다. 나는 각각의 '사고'에 대해 물었고 자세한 내용을 듣고 나자 세 번의 사고 모두 개의 잘못이 아니라 자원봉사자의 잘못임을 확실히 알 수 있었다. 개는 매번 분명하게 자신이 불편하다는 신호를 보냈지만 사람들이 이를 알아차리지 못했거나 무시했던 것이다.

이 사고는 보호소에 들어와서 아직 마음의 준비가 되지 않은 개를 사람들이 원하는 상황에 억지로 몰아넣어서 발생했다. 안타깝게도 개를 돕고자 애쓰는 사람들이 아무도 입양을 원치 않는 개로 만들어 버렸다.

이대로는 안 된다. 개를 도우려면 구조 작업에 직접 뛰어들기 전에 개에 대한 지식을 갖춰야 하고, 특히 위기 상황에서 구조된 개들을 제대로 돌보는 방법을 배워야 한다.

왜냐하면 구조 대상인 개들에게는 죽느냐 사느냐의 문제기 때문이다.

개는 왜 물까?

🐾 개는 읽으라고 펼쳐놓은 책과 같다

자신을 도우려는 사람들의 손길조차 거부하는 개들이 있다. 왜 그러는 걸까?

개의 무는 행동을 교정하고 새로운 가족을 찾는 일을 도우려면 이 질문의 답을 반드시 알고 이해해야 한다.

다행히 개는 아주 바람직한 특성을 지니고 있다. 아무런 경고 없이 갑자기 어떤 짓을 하지 않는다는 것이다. 개는 읽으라고 펼쳐놓은 책과 같다. 개의 온몸에 그들의 생각이 적혀 있고, 정확하게 어떤 내용인지 살필 때에도 확인해야 하는 모든 것이 개의 몸에 담겨 있다.

개의 몸짓 언어와 사회적 신호를 제대로 읽어서 그들이 어떤 감정을 느끼고 있는지를 이해하고, 어떻게 소통해야 하는지를 알려주는 것이 이 책의 주된 내용이다. 개를 구조하고 입양을 보내려는 사람들이 반드시 알아야 하는 지식이다. 봉사자들이 저지른 실수 때문에 '사람을 문 이력이 있는 개'라는 낙인이 찍히는 경우가 너무나 많고, 한 번 사람을 물 때마다 개가 입양될 가능성은 급격히 낮아지기 때문이다.

비밀을 만들지 않는 개의 몸짓 언어 이해하기

🐾 개는 비밀을 만들지 않는다

이제 개의 몸짓 언어body language 에 대해 알아보자.

사람과 개 사이의 가장 큰 문제는 전혀 다른 방식으로 의사소통을 한다는 점이다. 사람은 주로 음성 언어, 즉 말로 의사를 전달한다. 반면 개는 비언어적 방법으로 의사를 전달한다. 자신의 메시지를 전달하기 위해 짖지 않는다. 주로 상대와 눈을 마주치거나 신체를 사용한다.

개는 매일, 거의 매 순간 의사소통을 시도한다. 개는 비밀을 만들지 않는다. 개는 어떤 생각을 하든 몸에 적혀 있고, 눈을 통해 볼 수 있으며, 행동을 통해 모두 드러난다. 그런데 사람이 이

러한 내용을 간과하거나 개의 의사소통 방법을 몰라서 놓치게
된다. 개가 어떻게 의사소통을 하는지 이해한다면 개와 대화를
나누고 그들의 생각을 읽을 수 있을 것이다.

개가 어떤 감정을 느끼는지 알고 싶다면 개의 몸을 자세히 살
핀다. 펼쳐진 책을 읽듯이 그냥 읽으면 된다. 개가 어떤 자세를
취하는지, 신체 각 부위를 어떤 모양으로 만드는지를 관찰하면
개의 생각을 쉽게 알 수 있다.

❧ 몸을 꼼지락거리면 느긋하다, 몸이 경직된 채 가만히 있다면 긴장한 상태다

일반적으로 몸을 상하좌우로 흔들며 계속해서 움직인다면 개
가 긴장을 푼 상태라는 의미다. 우호적인 개 두 마리가 서로에게
다가가는 모습을 관찰하면 몸을 잠시도 가만히 두지 않는다. 어
떤 동작이든 계속해서 취한다면 서로에게 긍정적인 의도로 다
가간다는 의미다. 반대로 몸이 경직된 채 가만히 있다면 긴장한
상태며, 이는 불안정함, 집중, 불안, 두려움, 적대감으로 해석될
수 있다.

긴장한 개는 자신이 긴장했다는 신호를 보낸다. 개의 신체 끝
부분에 주의를 기울이면 개의 심리 상태를 보다 깊이 이해할 수
있다. 개의 귀가 머리의 앞, 위, 뒤를 향하는지 또는 뒤로 완전히
젖혀 머리에 바짝 붙었는지를 본다. 귀를 위로 쫑긋 세우고 경계

하는 듯한 태도를 취한다면 이 개는 뭔가에 집중한 상태로 어떤 행동을 취할지 생각하고 있다는 의미다. 이는 사냥개나 먹이 몰이 본능을 강하게 드러내는 개가 작은 동물을 보았을 때 두드러지게 나타나는 행동이다. 독단적으로 공격하기 위해 앞으로 나아갈 수도 있다. 이럴 때는 몸이 앞으로 심하게 쏠리는 모습도 보인다.

🐾 귀를 뒤로 젖혔지만 머리에 완전히 붙이지 않았다면 불편하거나 불안한 상태

귀를 뒤로 젖혔지만 머리에 완전히 붙이지 않았다면 불편하거나 불안한 상태다. 이럴 때 개는 주로 몸을 약간 뒤로 빼며 주저앉는 자세를 취하고 시선을 돌리거나 훤히 보이는 곳에서 달아나려는 등 회피의 신호를 보낼 수 있다. 그러나 불편함을 느낀다고 항상 명확하게 이러한 신호를 보내는 것은 아니어서 많은 사람들이 신호를 놓쳐 문제를 자초한다. 이런 일이 발생하면 사람들은 개가 '갑자기' 이상한 행동을 했다고 느낀다. 하지만 개는 분명히 경고를 보냈다. 그것도 온몸으로. 단지 훈련되지 않은 사람의 눈으로 구분하지 못했을 뿐이다.

🐾 귀를 뒤로 젖혀 머리에 바짝 붙이면 두렵다는 의미

개가 귀를 뒤로 젖혀 머리에 바짝 붙였다면 이는 두려움을 느낀다는 의미다. 이 경우 개는 생존 본능으로 '공격'과 '도피' 가운데 분명 도피를 선택할 것이다. 하지만 퇴로가 없다면 안전한 공간을 다시 확보하기 위해 공격적으로 행동할 것이 분명하다. 이때 개는 몸을 낮추고 뒤로 물러선 자세를 통해 자신을 두렵게 만드는 원인으로부터 멀어지고 싶다는 의지를 보일 것이다. 이 상황에서 그 공간을 존중해 주지 않으면 물릴 가능성이 높다. 그러므로 불안감이나 두려움을 느끼는 개를 다룰 때는 특히 세심하게 주의를 기울여야 한다.

🐾 꼬리의 위치와 모양은 감정 상태를 나타낸다

꼬리를 전면을 향해 위로 세웠다면 자신감이 있다는 의미고 때로 공격성을 띠기도 한다. 반면 꼬리를 몸 아래, 뒷다리 사이로 넣었다면 두려움을 느낀다는 의미다. 두 마리 이상의 개, 특히 불안한 개들이 서로 소통하는 장면을 보면 자신을 불안하게 만드는 자극의 원인에 따라 꼬리와 귀를 위나 아래로 움직이는 모습을 관찰할 수 있다.

1. 귀를 세우고 꼬리를 세운 채 앞으로 둥글게 구부리며 몸을 앞으로 기울이면 자신감 있는 상태지만 때로 공격성을 보일 수도 있다.

난 자신 있다!

2. 귀를 뒤로 젖히고 꼬리를 내린 채 몸의 자세를 낮게 취하면 불안하거
   나 자신감이 없는 상태다.
3. 귀를 뒤로 젖히고 꼬리를 몸 아래, 양쪽 뒷다리 사이로 넣은 채 몸의
   자세를 낮게 취할 경우 두려움을 느끼는 상태다.

대부분의 경우 개의 귀와 꼬리 모양을 쉽게 관찰할 수 있지만 양몰이개인 시프도그sheep dog처럼 털이 풍성하고 긴 품종이나 등쪽으로 꼬리가 말린 스피츠spits는 분간하기 어렵다. 이럴 때는 다른 신체 지표를 관찰해야 한다.

🐾 부분이 아닌 전체 몸짓 언어를 살핀다

한 가지 절대 잊지 말아야 할 것은 개의 몸짓만 보고 개의 심리 상태를 판단할 수 없다는 사실이다. 모든 것을 종합해야 진짜 개가 들려주는 이야기를 들을 수 있다. 귀에 신경 쓰느라 꼬리를 놓쳐서는 안 된다. 전신의 몸짓 언어를 함께 관찰해야 한다.

불편한 상황에서 진정하자는 신호 카밍 시그널

🐾 개는 불편한 상황에서 자신과 상대를 진정시키기 위한 신호를 보낸다

개는 불편하면 다양한 몸동작을 사용해서 의사를 전달한다. 그 덕에 나쁜 상황이 벌어지기 전에 대립을 해소할 수 있다. 개는 불편한 상황이 벌어지면 다른 개를 진정시키기 위해서 몸짓 언어를 사용하는데, 이처럼 개가 불편한 상황에서 자신과 상대방을 진정시키기 위해 보내는 신호인 몸짓 언어를 카밍 시그널calming signal이라고 한다.

개는 카밍 시그널을 엄청나게 많이 사용한다. 자신이 호의를 갖고 순수한 의도로 다가간다는 사실을 상대에게 계속해서 확인시켜 주는 것이다. 두 마리 이상의 개가 서로에게 카밍 시그널을 보인다면 이는 매우 좋은 징조다. 이들이 주변의 모든 사람, 동물과 소통하려 한다는 의미기 때문이다. 그 신호를 알아차리고 이해하며 존중해야 하는 것이 바로 우리, 사람이다.

같은 개들끼리 교류할 때 그들은 카밍 시그널을 쉴 새 없이 사용하고, 이를 사람에게도 적용한다. 예를 들어 개가 하지 말아야 하는 행동을 하려 할 때 사람이 '안 돼'라고 말한다면 개는 고개를 돌려 시선을 피하면서 '알았다고, 안 그럴 테니까 진정해.'라는 의미의 카밍 시그널을 보낸다.

🐾 자주 목격하게 되는 카밍 시그널

카밍 시그널은 다양한데 그중 가장 자주 목격하게 되는 카밍 시그널은 다음과 같다.

1. **고개를 돌려 시선을 피한다** 개가 고개를 돌려 시선을 피하는 행동은 가장 흔하게 볼 수 있는 카밍 시그널이다.

2. **몸을 턴다** 몸이 가려운 것처럼 보이는 전신을 터는 행동은 대부분 어떤 상황에서 긴장을 풀기 위해 개가 사용하는 카밍 시그널이다.

3. **혀를 날름거린다** 혀를 날름거리는 행동은 스트레스 반응으로도 나타나므로 전후 맥락을 고려해서 판단해야 한다. 카밍 시그널로 사용할 때는 주로 다른 개의 주둥이를 향해 혀를 날름거린다.

4. **하품을 한다** 동물병원에 갔을 때 개가 쉴 새 없이 하품하는 모습을 볼 것이다. 이는 스트레스 반응으로 나타나는 행동이다. 하품을 하는 것이 카밍 시그널로 사용하는 것인지, 스트레스 반응인지는 전후 맥락을 관찰해서 판단해야 한다.

5. **앞발을 든다** 동작을 많이 취할수록 개가 심리적으로 편안한 상태라는 걸 명심해야 한다. 앞발을 드는 행동은 주변의 모든 이에게 자신이 진정된 상태라는 사실을

말해 준다.

🐾 개가 개를 만났을 때의 카밍 시그널

개 두 마리가 처음 만나면 처음에는 두 마리 모두 다소 경직되고 불안한 듯 보이다가 한 마리가 몸을 털면서 긴장을 완화하려 한다. 그러면 다른 개가 몇 차례 시선을 회피하는 행동을 하면서 사이 좋게 지내는 데 동의한다는 의사를 밝힌다. 이 단계까지 왔다면 어느 정도 안도의 한숨을 내 쉬어도 된다. 두 마리의 개가 서로 잘 지내기 위해 노력하고 있다는 의미기 때문이다.

개에게 필요한 자신만의 공간

🐾 후퇴나 도망을 위한 공간이 확보되어야 한다

모든 개는 자신을 둘러싼 자신만의 공간bubble of space이 있다(때로는 개가 유지하고 싶은 상대방과의 '안전 거리'라고 부르기도 한다). 공간의 크기는 개가 심리적으로 느끼는 편안함의 크기에 의해 좌우된다. 전형적인 낙천적 성격의 개는 이 공간의 크기가 아주 작아서 사람과 바로 대면해도 되는 반면 불안하거나 낯을 가리는 개는 이 공간이 아주 커서 조심스럽게 다가가야 한다.

사람은 각각의 개가 지닌 자신만의 영역을 존중해야 한다. 개

가 불안감을 느끼는 상태에서 사람이 이 공간 안으로 들어오면 개는 심리적으로 불안해지고 자신의 공간을 되찾아야 한다고 느낀다. 자신의 공간을 회복하기 위해서 개는 뒤로 물러나거나 도망가야 하겠지만 폐쇄된 공간에 갇혀 있거나 줄에 매여 있다면 후퇴나 도망이 불가능해진다. 공격하거나 회피하는 두 가지 선택 가능한 반응 가운데 회피가 불가능하므로 개에게 남은 유일한 선택지는 공격이다. 이 경우 개는 자신의 공간을 되찾겠다는 의지가 확실하며, 봉사자가 물리는 일도 대부분 이런 상황에서 발생한다. 심리적으로 불안한데 도망갈 수 있는 선택의 여지를 주지 않고 개의 영역을 침범해 들어가면 개는 물 수밖에 없다.

개에게 사람들이 생각하는 지배성향은 없다

🐾 당당한 행동은 자신감이 있다는 의미다

개에 대해서 가장 널리 남용되고 잘못 이해되고 있는 개념이 바로 '지배성향'이다. 완전히 잘못된 개념인데도 반려인들 사이에 너무 많이 퍼져 있을 뿐 아니라 개 전문가라는 사람들도 사용한다.

'지배성향'과 '복종성향'은 그 자체로 좋거나 나쁘다고 말할 수 있는 개념이 아니다. 그건 단지 개의 삶에서 일어나는 현상이다. 모든 개는 자원이 풍부한지, 부족한지에 따라 다른 개에게 지배적 성향을 나타내거나 복종적 성향을 나타낸다.

개가 지배적 성향을 지녔다는 것은 공격적이라는 의미가 아니라 자신감이 있다는 의미다. 당당한 행동과 태도를 통해 자신감을 다른 개가 느끼도록 하는 것이다. 이는 전적으로 자원의 통제에 관한 문제다. 야생에서는 무리에 속한 개체가 나눌 수 있는 자원이 한정되어 있고, 동시에 모든 개가 그 자원에 접근할 수 없으며, 심지어 전혀 접근할 수 없는 개체도 있다. 지배적 성향의 개는 자원에 대한 일차적 선택권을 갖고 나머지 무리의 일원에게 어떻게 나눌지를 결정한다.

조직이 잘 갖춰지고 원활하게 운영되는 무리의 경우 이러한 지위가 자연스럽게 정해진다. 모든 개는 무리 속에서 자신의 위치가 어디인지 잘 이해하고 기꺼이 서열에 순응한다. 강아지들이 청소년기에 접어들어 성숙도에 따라 지위가 변화하는 시기거나 새로운 개가 무리의 일원으로 유입될 때를 제외하면 과도한 충돌이나 싸움은 없다.

🐾 개는 개답게 존재할 뿐이다

개인적으로 사람과 개의 관계에 있어 지배성향은 별다른 역할을 하지 않는다고 생각한다. 때문에 개가 자신을 지배하려 한다는 반려인의 말을 들을 때마다 답답하다. 개는 사람을 '지배'하기를 원하지 않으며 사람을 지배하기 위한 계략을 짜는 데도 흥미가 없다. 개는 그런 식으로 사고하지 않는다. 개가 원하는 것은 개답게 존재하는 것이다.

개가 사람을 지배하려 한다는 말은 10대 청소년이 자신의 경계와 한계를 넓히기 위해 어른을 지배하려 한다는 말과 같다. 어른의 말을 흘려 듣고 쇼핑몰에서 친구를 만나려고 부모님 차를 몰래 가져가는 17살짜리가 부모를 지배하려 하는 것인가? 그렇지 않다. 말을 듣지 않는 것처럼 보이는 개들 역시 10대 청소년 같은 것이지 지배성향은 아니다.

핵심 포인트

- 몸을 더 많이 흔들고 동작을 더 많이 취할수록 개가 안정되었다는 의미다. 움직임이 없고 경직될수록 개가 긴장된 상태라는 의미며 긴장은 결코 좋은 것이 아니다.
- 개의 몸짓 언어가 더 위쪽 그리고 전면을 향할수록 자신감이 있다는 의미다. 반면 아래쪽 그리고 후면을 향해 이루어진다면 자신감이 없고 불안하다는 의미다.
- 카밍 시그널을 보이는 것은 언제나 좋은 현상이다. 카밍 시그널이 충분히 보이지 않으면 조심해야 할 때다.
- 각각의 개가 필요로 하는 자신만의 공간을 언제나 존중한다.

2장

구조된 개와
처음 만나는 방법

낯선 장소에서 두려움에 떠는
개의 마음으로 생각한다

🐾 **봉사자는 유기견에 대한 연민을 억눌러야 할 때가 있다**

최대한 빨리 위기에 처한 개를 구하고자 하는 사람들의 열망
은 가끔 개를 돕는 데 방해 요소가 된다. 거리를 떠돌던 불쌍한
개를 빨리 품에 안고 다독여 주고 싶은 마음에 개를 만났을 때
반드시 필요로 하는 '소개하고 알아가는 과정'을 대충 지나치기
때문이다. 바람직하지 않은 행동이다.

당연한 말이지만 지금 막 구조한 개에 대해 우리는 아는 것이
없다. 상호교류에 대해 개가 얼마나 편안하게 생각하는지, 특정

반응을 일으키는 트리거trigger(마음의 상처를 입은 개체가 그 상황을 떠올리고 과격한 반응을 일으키게 하는 요인)를 갖고 있는 개인지 트리거가 있다면 그게 무엇인지 전혀 모른다. 또한 개가 현재 자신이 있는 곳과 자신을 둘러싼 사람들에 대해 어떻게 느끼는지도 전혀 알지 못한다.

개의 구조에 참여하는 봉사자는 처음 보는 개와 먼저 유대관계를 맺어야 한다. 유대관계란 그냥 주어지는 것이 아니다. 개에게 봉사자의 존재는 의도를 알 수 없는 낯선 사람일 뿐이다. 개의 신뢰를 얻으려면 우선 유대관계의 기초를 닦아야 하고, 이 과정은 개의 시야에 관계를 만들어 갈 봉사자가 들어오는 순간 시작된다. 그러므로 처음 만난 개에게 자신을 억압하지 않을 믿을 만한 사람이라는 첫인상을 주어야 한다.

유대관계란 시간이 흐름에 따라 서서히 자라나고 구축된다. 시간을 들여 위협적이지 않은 존재가 되어야 하고, 최종적으로는 친구로 받아들여져야 한다. 그러기 위해서는 시간과 인내심이 필요하다.

따라서 처음 보는 개에게 달려가 안아주며 이제 모든 것이 잘될 거라고, 돌봐 주고 사랑해 줄 가족을 찾아주겠노라 말하고 싶어도 참아야 한다. 그건 사람의 입장만 고려한 방식이다. 이런 의사를 전달하는 최고의 그리고 가장 효과적인 방법은 개가 스스로 속도를 결정하고 자신의 방식대로 앞으로 나아가게 내버려두는 것이다.

물론 쉬운 일은 아니다. 그러나 낯선 장소에서 홀로 두려움에 떠는 개의 관점에서 생각하는 것이야말로 개의 신뢰를 얻는 가장 좋은 방법이다. 그런 시간이 지난 후에야 개에게 도움을 주는 모든 일을 정말로 할 수 있는 때가 온다.

시선을 마주치지 않고 몸도 개를 향하지 않는다

🐾 시선을 마주치지 않고 몸도 개를 향하지 않는다

새로운 개를 처음 만났을 때에는 몸짓 언어를 사용해 개에게 맞서거나 억압할 생각이 없다는 것을 먼저 알려야 한다. 개가 미친 듯이 짖는 상황에서라면 말처럼 쉽지 않겠지만 긴장을 풀고 침착함을 유지한다. 숙달되면 개가 과격하게 반응하더라도 마음의 평정을 유지할 수 있지만, 익숙하지 않다면 침착함을 유지하기 위해 최선을 다하면서 평소처럼 호흡을 유지한다.

시선을 마주치지 말고, 개를 향해 몸을 돌려서도 안 되며, 개를 정면에서 똑바로 쳐다보아서도 안 된다. 꼭 눈으로 확인해야겠다면 거울에 반사된 모습을 본다. 개의 입장에서 시선이 마주치는 것은 충돌로 인식될 수 있다. 물론 예외는 있다. 행복하고 심리적으로 편안한 개가 시선을 맞추면 이는 좋은 신호다. 하지만 그렇지 않은 개와 눈을 자주 마주치면 개는 위협당한다고 느낀다. 맞설 자신이 없는 개라면 도망갈 테고, 싸울 자신이 있거나 싸울 수밖에 없는 상황에 몰렸다고 생각하면 공격적으로 행동할 것이다. 곁눈으로 개를 보거나 그저 슬쩍 쳐다보고는 곧 시선을 돌려야 한다.

이는 특히 개가 두려움에 떠는 상황에서 반드시 기억해야 하는 사실이다. 두려움을 느끼는 개는 누군가 자신을 알아차리기를 원치 않는다. 그러므로 모른 척해야 한다. 불안감을 느끼는 개를 다룰 때 할 수 있는 최선의 행동은 무시하는 것이다. 주위에 있는 사람이 자신에게 아무런 관심도 없다고 생각하면 개는 긴장을 조금 풀고, 긍정적인 경험을 쌓고, 최소한 나쁘지 않은 경험을 쌓은 끝에야 마침내 낯선 이에게도 마음을 열 수 있다.

개와 얼굴을 정면으로 마주하지 않으면 개가 사람을 위협이 아니라 친구로 인지하는 데 도움이 된다. 시선을 마주치는 일처럼 정면으로 마주보는 행동은 개에게 충돌로 해석될 수 있다. 개가 이동하거나 움직일 때는 자신의 몸이 어떤 위치에 있는지를 인지하고 개와 정면으로 마주 보지 않도록 무심한 듯 자세를 바꾼다. 대체로 두려움을 느끼는 개는 등을 돌린 상태로 대하는 것이 가장 효과적이다.

언젠가 낯선 남자를 매우 경계하는 개를 만난 적이 있다. 나는 등을 돌린 채 쳐다보지 않으면서 개의 30센티미터 지점까지 뒷걸음으로 접근했다. 하지만 내가 개를 보려고 머리를 조금만 돌려도 개는 잽싸게 도망갔다. 이런 성향의 개도 있다.

자, 그럼 어떤 개와 처음 만난다고 가정해 보자. 개와 직접적으로 시선을 마주치지 않으려고 주의하고, 몸을 옆으로 돌려 정면으로 마주하지 않은 상태로 긴 시간을 보냈다. 그런 다음 무엇을 해야 할까?

🐾 아무것도 하지 않고 관찰만 한다

다음으로 해야 할 일은 아무것도 하지 않는 것이다.

아무것도 하지 말고 개를 지켜만 본다. 개가 무엇을 하는지 관찰한다. 이렇게 하면 개가 사람과 함께 있는 상황을 얼마나 편하게 느끼는지, 앞으로 어떤 속도로 다가가야 하는지 알 수 있을 것이다. 한정된 공간 안에 개와 함께 있다면 빙 둘러서 느릿느릿 돌아다니는 것은 괜찮다. 그리고 여전히 개를 무시하면서 다음과 같은 행동을 하는지 관찰한다.

- 개가 경계하는 것처럼 보이는가?
- 사람이 움직일 때 신경을 쓰는가?
- 개가 민감하게 반응하는 요인이 있다면 그게 무엇인가?

이런 정보는 어떤 절차에 따라 개와 유대관계를 구축하는 것이 바람직한지 정하는 데 아주 중요하다. 개가 사람을 찾고 소통을 원하는 것처럼 보인다면 소통을 시작해도 된다. 중요한 것은 언제나 개가 먼저 시작하도록 내버려두는 것이다. 개가 먼저 오게 한다. 그리고 절대로 개의 사적인 공간 안으로 들어가지 않는다. 사적인 공간 안으로 들어가는 행동은 애써 구축해 가는 신뢰를 무너뜨릴 수 있다.

☙ 산책을 통해 '우리'가 된다

개를 처음 만나 개에 대해 파악하고 유대를 쌓는 방법 가운데 가장 좋은 것은 산책이다. 함께 산책하는 동안에는 아무것도 바라지 말아야 한다. 때로 개가 줄을 잡아 끌며 앞서 나가도 내버려두고 마음껏 냄새를 맡게 한다. 뭐든 개가 원하는 것을 하도록 내버려둔 채 개를 관찰하고 사소한 것까지 기억한다. 개를 개답게 행동하도록 놔두는 게 중요하다.

산책은 잠시나마 개가 낯선 사람들에게 둘러싸여 낯선 장소에 있다는 사실을 잊게 한다. 눈에 들어오는 것들과 풍겨오는 냄새에 마음껏 심취하여 줄을 잡고 있는 사람의 존재를 잊는다.

이 단계에서 개와 산책하는 사람이 해야 할 일은 아무것도 없다. 그저 곁에서 함께 걸으면 된다. 산책은 개의 긴장을 풀어주는 아주 강력한 도구다. 개가 가만히 앉거나 서 있는 동안에는 새로운 무언가 또는 낯선 사람처럼 자신을 동요시키는 것에 집중하고 있는 것이다. 하지만 산책을 통해 개의 몸이 앞으로 나아가면 개의 마음도 그에 발맞춰 앞으로 나아간다. 사방에 관심을 기울일 만한 갖가지 자극제가 펼쳐져 있으니 뭔가에 집착하지 않고 움직이게 된다.

산책은 팀을 이루는 활동이다. 산책시키는 사람을 무리의 일원, 즉 동료로 인식하고 서로 대립할 필요가 없다는 긍정적 경험을 하게 된다. '너는 너, 나는 나'가 아니라 함께 움직이는 '우리'가 되는 것이다. 산책은 개에게 수많은 차원에서 보상 역할을 하는 중요한 경험이다.

우리가 할 일은 그저 개가 하는 일에 참견하지 않고 함께 산책하는 것이다. 산책이 제공하는 모든 것을 받아들이며 나아가는 동안 개는 가끔씩만 사람과 함께 있다는 사실을 의식하게 된다. 산책이 한정된 공간에서의 상황과 다른 점은 개가 사람에게 고착되지 않고 앞으로 나아간다는 것이고, 그와 함께 유대관계도 앞으로 나아간다. 산책은 개가 새로운 인연에 마음을 여는 데 도움을 줄 것이다.

🐾 산책과 간식을 병행한다

나는 사람을 두려워하는 개를 교육할 때면 30~40분 정도 정말 맛있는 간식을 던져 준다. 이렇게 하면 개의 행동에 긍정적인 변화가 생긴다. 하지만 그 변화는 매우 천천히 이루어지고 어느 정도 한계가 있다. 그래서 간식을 준 다음 5~10분 정도 산책을 나간다. 산책하는 동안에는 개가 하는 대로 내버려둔다. 그 짧고 별 것 아닌 것 같은 산책을 다녀온 후 99퍼센트의 개에게서 많은 변화가 보인다. 산책을 마치고 보호소로 돌아온 개는 훨씬 느긋한 마음이 된다. 사람에게서 반경 1.5미터 안으로 들어오려고도 하지 않던 개가 무릎 위로 뛰어올라 산책을 함께한 사람에게 키스를 하려고 한 적도 있다.

산책을 최대한 활용한다. 꼭 긴 시간 동안 할 필요는 없지만 더 길게, 더 자주 하는 것이 바람직하다. 산책을 할 때마다 개와의 유대관계가 더 구축되고 신뢰를 쌓을 수 있을 것이다.

몸을 구부려 개의 머리를 쓰다듬지 않는다

🐾 나는 개를 제대로 쓰다듬는 법을 알고 있을까?

개를 좋아하는 사람들은 대부분 개를 쓰다듬는 방법을 안다고 생각한다. 어쩌면 사실일 수도 있다. 하지만 평생 개를 키워

왔고 오랜 세월 구조에 몸담아 온 사람들조차 상당수가 아주 잘못된 방법으로 개를 쓰다듬는 모습을 많이 봤다. 그러니 개를 쓰다듬는 법을 잘 안다고 하더라도 다시 한 번 점검해 본다.

개를 다룰 때는 사람의 사고방식에서 벗어나 개처럼 생각해야 한다. 어떤 상황에서 개가 어떻게 느낄지를 실제로 상상해야 한다는 의미다.

개는 대부분 사람보다 체구가 작다. 어떤 경우 아주 작다. 그러므로 대부분의 경우 사람은 개를 내려다본다. 낙천적이고 사회화가 제대로 된 개에게 이는 별문제가 되지 않는다. 하지만 방임과 학대를 경험하거나 사회화가 제대로 되지 않은 개에게 이러한 상황은 큰 문제가 된다.

🐾 몸을 구부려 개의 머리를 쓰다듬지 않는다

개를 향해 몸을 구부려 개의 머리 윗부분을 쓰다듬지 않는다. 개의 입장에서는 쓰다듬는 사람이 누군지 모르는 상황에서 자신의 정면 위에서 아래로 이루어지는 이러한 접촉은 매우 공격적인 것이다. 사람의 입장에서 설명하자면 처음 만난 사람이 정면에서 다가와 와락 끌어안는 것과 다르지 않다. 특히 서로 전혀 모르는 사이라면 굉장히 부적절한 행동이 아닌가.

그럼에도 '나는 우리 집 개한테 항상 이렇게 하는데?' '내가 머리를 쓰다듬으면 우리 개는 좋아하는데?'라고 고집을 부리는 사람이 있다. 하지만 보호소에서 만나는 개들은 아직 우리와 아무런 유대관계도 없다는 사실을 상기해야 한다. 개와 서로 알게 되고 개의 신뢰를 얻은 후에는 당연히 여러 형태의 신체적 접촉을 시도할 수 있다.

🐾 멀리서 손을 내민 채 기다린다

그럼 개를 쓰다듬는 가장 바람직한 방법은 무엇일까? 일단 개와 거리를 둔 자리에 쭈그리고 앉는다. 그런 다음 손바닥을 위로 한 채 손을 내밀고 개가 스스로 사람에게 올 때까지 기다린다. 그런 다음 턱 아래나 얼굴 옆, 귀 아래쪽, 혹은 이 모든 부분을 부드럽게 긁어 준다. 사람이 만져 주면 좋아하는 부위여서 이곳을 쓰다듬는 건 개가 편안함을 느끼게 하는 최고의 방법이다.

쓰다듬는 게 마음에 들었다면 개는 그 자리에서 떠나지 않고 쓰다듬는 사람에게 몸을 기대며 더 쓰다듬어 달라고 요구할 것이다.

🐾 개가 결정하게 둔다

물론 낯을 많이 가리는 개는 이런 애정 표현에 관심이 없을 수 있다. 그런 개는 혼자 있기를 원할 것이다. 이 경우 개의 바람을 존중하고, 사람과 어떻게 교류할지 개가 결정하게 둔다.

개를 가만히 두면 상대방을 신뢰해도 되는 사람이라고 생각하게 되는 순간이 온다. 그때 다음 단계로 나아간다. 물론 '그다음 단계'가 어떤 것이 될지는 아무도 모른다. 오로지 개에게 달렸다. 개가 아무리 귀여워도, 아무리 쓰다듬고 싶어도 개가 지휘하고 속도를 결정하게 한다. 사람에 대한 불안함이 있는 개에게 마음의 준비가 안 된 애정을 강요하면 상황이 악화되고, 결국 입양 보내기 어려운 상태가 될 수도 있다.

실전! 보호소에서 개 만나기

🐾 보호소에서는 관찰부터 시작한다

지금까지의 내용은 실내에서 목줄collar(개의 목에 채우는 줄)이나 가슴 줄harness(개의 가슴에 채우는 줄)에 연결하는 리드 줄leash(연결 고리를 이용해서 목줄, 가슴 줄과 사람을 연결하는 줄)을 풀어 놓은 상태에서 개를 만나거나 리드 줄을 채운 채 정원 등의 실외에서 개

목줄　　　　　　　가슴 줄　　　　　　리드 줄

를 만났을 때에 대한 내용이었다. 비교적 쉽게 성공할 수 있는 상황이다. 하지만 보호소에서 개를 처음 만났을 때는 다르다.

보호소는 주변의 다른 개가 짖어대는 흥분된 환경인데다 견사에 갇힌 상태므로 다루기가 쉽지 않다. 그래서 대부분의 보호소는 개와 처음 만나기에 적합한 환경이 아니다.

다루어야 할 개와 이미 어느 정도 시간을 보낸 사람들이 있다면 먼저 그들의 도움을 받아야 한다. 개가 어떤 성격인지, 부정적 반응을 불러일으키는 원인이나 유독 민감하게 받아들이는 부분이 있는지 알아본다. 그래야 무엇부터 어떻게 시작하고 진행해야 할지를 알 수 있다. 그런 다음 개가 머무르는 견사로 가서 관찰을 시작한다.

- 사람을 향해 짖고 와락 달려드는가?
- 문 반대쪽 벽에 몸을 붙인 채 두려움에 떨고 있는가?
- 달려들거나 벽에 붙은 채 두려움에 떠는 것의 중간쯤 되는가?

얼굴을 정면으로 대하지 말고 시선을 직접 마주치지 않은 상태에서 몇 분간 머무르면서 개가 어떻게 반응하는지 살펴본다.

- 여전히 긴장하고 있는가?
- 여전히 극도로 흥분한 상태인가?

- 시간이 지남에 따라 진정되는가?

  관찰한 것을 근거로 개를 견사 밖으로 데리고 나와도 좋을지 결정한다. 개가 받아들일 마음의 준비가 되지 않았는데 강요하는 것은 결코 도움이 되지 않으며, 물릴 위험이 있음을 명심한다.

  조 드와이어Joe Dwyer는 그의 책《셸비의 품격Shelby's Grace》에서 보호소에서 셸비를 처음 만났을 때에 대해서 적었다. 그는 매번 '오늘은 함께 산책을 나갈 수 있겠지'라는 희망을 품고 보호소를 방문했지만 셸비의 몸짓 언어와 태도는 때때로 아직 준비가 되지 않았다는 신호를 보냈다. 결국 조는 셸비가 자신의 존재에 익숙해질 때까지 셸비의 견사 앞에 앉아서 시간을 보냈다.

  조의 인내심은 마침내 결실을 맺었다. 셸비가 점점 그를 신뢰해도 되는 사람으로 여기게 되었고, 마침내 셸비와 함께 산책을 나갈 수 있었다.

🐾 보호소에 계획 없이 가야 하는 이유

  보호소의 개를 만나러 갈 때에는 오늘은 무엇을 해야겠다는 생각을 하지 말아야 한다. 개의 몸짓 언어를 통해 개가 원하는 것이 무엇인지 듣고 거기에 맞춘다. 때로 개에게 필요하다고 생각한 산책이나 교육 등은 완전히 잊어버려야 할 수도 있다. 개가 감당할 수 있는 것만 하는 것이 중요하다. 보호소에서도 개가 속도를 결정할 수 있게 내버려두어야 한다.

때로는 개가 전진하도록 부드럽게 이끄는 게 바람직할 수도 있지만 개가 마음의 준비가 되어 있지 않다면 어떤 상황으로도 개를 몰아넣어서는 안 된다. 언제나 완벽할 수는 없다. 단지 내가 무엇을 하는지 철저히 인지한 상태에서 주어진 상황에서 최선의 결정을 내릴 수밖에 없다.

핵심 포인트

- 개의 신뢰를 얻기 위해서 억압적인 존재로 인식되지 않도록 최선을 다한다.
- 개와 처음 만날 때는 시선을 직접적으로 오래 마주치지 않는다. 얼굴을 정면으로 하지 말고 개를 무시한다.
- 먼저 개를 관찰하면서 개에게 부정적인 반응을 일으키는 트리거가 없는지 찾아본다.
- 관찰을 통해 개가 얼마나 안정감을 느끼는지 판단한다.
- 가능하면 개와 산책을 하면서 개가 어떻게 행동하는지 본다. 산책은 함께 긍정적인 경험을 할 수 있는 좋은 활동이다.
- 개를 쓰다듬는 가장 좋은 방법은 쭈그리고 앉아 손을 편 상태에서 손바닥이 위를 향하게 한 다음 개가 다가오기를 기다리는 것이다. 개가 스스로 다가오면 턱 아랫부분과 양쪽 귀 밑 부분을 부드럽게 긁어 준다.

문제행동 기간이 길어지면 교육 기간도 비례한다

불안이나 두려움의 신호를 보이는 개는 즉시 적극적으로 조치를 취해야 한다. 이런 심리 상태가 지속되면 개의 삶의 질이 낮아지기 때문이다. 두려움과 불안을 치료하는 일은 진행이 매우 느리기 때문에 충분한 시간이 필요하다.

구조단체나 보호소에 수용된 상태에서 불안을 치료하는 것은 어려운 일일 수 있다. 치료를 위해서는 최대한 환경을 통제해야 하는데 대부분의 보호소에서 뭔가를 통제하기란 쉽지 않기 때문이다.

그래서 개가 반응을 일으키는 모든 것에 대해 다른 관점을 가질 수 있어야 한다. 모든 개의 문제행동에 대한 치료 기간은 문제행동이 생긴 시점과 시간적으로 비례한다. 개의 문제행동이 복잡하고 두렵고 불안한 상태에 오래 머물러 있었다면 재활 과정이 더 길고 시간이 더 오래 걸린다.

두려움과 불안의 원인을 찾고 수용 한계를 파악한다

🐾 몸이 뻣뻣해지고 긴장이 높아지는 순간을 찾아낸다

먼저 필요한 것은 개를 불편하게 만드는 것이 정확히 무엇인지 알아내는 것이다. 개의 심리가 '다 괜찮아'에서 '이건 마음에 안 들어'로 바뀌는 바로 그 순간을 찾아야 한다.

침착하던 개가 불안함을 느끼면 바로 교육에 들어간다. 개의 불안이 어떤 식의 태도와 행동으로 나타나든 평가하고 치료하는 데 가장 큰 역할을 하는 것이 바로 개의 심리 상태를 알아내는 것이다. 개의 몸짓 언어에 특히 주의를 기울여 언제 개의 몸이 뻣뻣해지고 긴장이 높아지는지 그 순간을 반드시 포착한다.

🐾 불안의 원인을 찾는다

개가 불안해지기 시작하는 순간을 포착했다면 원인을 밝혀야 한다. 두려움을 느끼는 개는 종종 두 개 이상의 불안 유발 요인을 갖고 있으므로 때로는 원인을 밝히는 것이 쉽지 않을 수도 있다. 하지만 모든 요인은 세 가지 범주로 나눌 수 있다. 사람, 개, 환경이다.

1. **사람** : 사람들이 주로 하는 실수는 개와 직접 시선을 마주치거나 개의 공간을 침범함으로써 부정적인 반응을 일으키는 것이다. 또는 개가 오로지 남성에게만 반응하는 식으로 원인이 되는 사람이 특정한 유형의 사람일 수도 있다. 이 경우 개가 제대로 사회화된 적이 없거나 혹은 사람에 대해 부정적인 경험을 했을 수도 있고, 어쩌면 경험 자체가 부정적인 것은 아니지만 개가 어떤 이유로든 부정적으로 받아들인 경험이 있을 것이다.

2. **개** : 1번에서 설명한 것과 같은 이유지만 대상만 개로 바뀐 것이다.

3. **환경** : 개가 노출된 적이 없는 또는 부정적으로 인식하고 있는 장소나 물체, 상황이 원인이 된다. 물체와 상황 모두 원인이 되기도 한다.

✿ 개가 얼마나 견딜 수 있는지 수용 한계를 파악한다

원인을 규명하고 나면 개가 자극 요인을 얼마나 견딜 수 있는지 수용 한계를 파악한다. 수용 한계란 개가 불안이나 두려움을 느끼는 순간 자극 요인으로부터의 거리 혹은 자극의 강도를 말한다. 개가 마음의 문을 완전히 걸어 잠그는 순간이 아닌 불안함이 눈에 보이는 바로 그 지점을 찾아야 한다.

이를 판단하기 좋은 방법은 개가 먹을 것에 반응하는지, 간식을 먹는지를 보는 것이다. 음식에 반응한다면 완전히 공포에 휩싸인 것은 아니다. 하지만 가장 좋아하는 간식도 먹지 않는다면 자극의 원인이 너무 가깝거나 강하다는 의미다. 두려움과 불안이 강할수록 먹을 것을 보상으로 더욱 활용해야 한다. 두려움에 떨고 있는 개를 위해서라면 할 수 있는 것은 뭐든 해야 한다고 생각하기 때문에 나는 때로는 사람이 먹는 구운 닭고기나 핫도그 같은 것도 이용한다.

교육하기 좋은 최적의 환경을 찾는다

✿ 예상치 않은 일로 놀라는 일이 없는 환경이 좋다

두려움을 느끼는 개를 다룰 때는 개가 평소 자신이 두려워했던 대상과 함께 있는 상황에서 이전과는 다른 심리 상태를 경험하게 해야 한다. 개가 수년 동안 특정한 자극에 대해 두려움을 느껴왔다면 개가 자극을 다르게 받아들이게 돕는 일은 상당한 시간이 필요하다. 목표는 큰 변화가 아니라 작은 성취다. 비록 작은 것이라도 계속해서 나아지는 모습을 보인다면 일단 만족해야 한다. 그러다가 어느 순간 더 이상 긍정적인 방향으로 나아가지 않으면 다른 것을 시도해야 한다.

불안과 두려움을 효과적으로 치료하기 위해서는 통제된 환경에서 개를 다뤄야 하기 때문에 다수에게 노출된 야외는 좋지 않다. 사람과 개 모두가 예상치 못한 일로 놀라는 일이 없는 환경이 좋은 환경이다. 좋은 환경에서 교육해야 개를 더 많이 도울 수 있다. 하지만 교육에 최적화된 환경을 조성하는 것은 쉽지 않으니 최선을 다하는 것에 만족해야 한다.

지금부터 개에게 불안과 두려움을 일으키는 가장 흔한 원인을 살펴보고, 각각의 트라우마를 어떻게 치료할지 알아본다.

두려움의 원인 1 : 사람

🐾 두려운 사람이 특정 유형의 사람인가, 사람 모두인가

사람에 대해서 두려움을 가진 개라면 가장 먼저 모든 사람에게 두려움을 느끼고 낯을 가리는지, 특정한 유형의 사람에게만 그러는지 파악해야 한다. 낯선 사람에 대해 두려움을 갖는 경우라면 오히려 쉽다. 지금 이 책을 읽고 있는 독자가 바로 개에게는 낯선 사람일 텐데 책을 읽었다면 적절하게 행동할 테니 말이다.

❤ 몸을 경직시키지 않는다

어떤 시도를 하기 전, 무엇보다도 먼저 스스로의 몸짓 언어를 어떻게 할지 연습한다. 낯을 가리고 두려움을 느끼는 개에게는 맞설 필요가 없다. 그저 다가가기 쉬운 존재가 되어야 한다. 사람이 몸을 곧게 펴고 서서 경직되어서는 안 된다. 몸을 경직시키는 것은 심리 상태가 불안정한 개의 몸짓이다. 사람이 먼저 몸과 자세를 느긋하고 편하게 유지해야 한다.

❤ 개를 정면으로 보지 않는다

개를 다룰 때는 정면에서 마주 보지 않고 비스듬한 위치에 있도록 한다. 개가 정면으로 다가오면 몸을 한쪽으로 약간 튼다.

❤ 개와 시선을 마주치지 않는다

개와 잠깐이라도 눈이 마주치면 바로 시선을 돌린다. 곁눈으로 보거나 1초 정도 개를 주시한 다음 바로 시선을 돌린다. 불안감을 느끼는 개에게 시선을 마주치는 일은 매우 위협적인 행동이다. 사람 자신이 어디를 바라보고 있는지 의식적으로 알고 있어야 한다.

🐾 개가 도망갈 수 있는 공간이 마련된 곳에서 만난다

개가 도망갈 수 있는 충분한 공간이 있다고 생각할 수 있도록 야외에서 교육을 하는 것이 심리적으로 더 바람직하다. 리드 줄을 연결한 상태라도 마찬가지다. 하지만 공간이 충분해서 개가 일정 수준 이상 안심할 수 있다면 실내에서도 교육이 가능하다. 보호소에서 개를 다룬다면 시끄럽고 혼잡한 환경에서 데리고 나와서 몇 분 동안이라도 마음을 진정시킬 수 있도록 한다. 보호소에서 받은 부정적 영향으로부터 벗어나도록 한다.

🐾 간식을 점점 가까운 곳으로 던진다

개가 마음껏 짖고 여기저기 돌아다니거나 원하는 만큼 멀리 가서 하고 싶은 일을 전부 하도록 한다. 그리고 때때로 맛있는 간식을 던져 준다. 간식이 최대한 개 근처에 떨어지도록 던지되 얼굴을 맞히지 않게 조심한다. 개가 간식을 받아먹으면 성공이다! 개가 간식을 먹지 않으면 사람에게 적응할 시간을 조금 더 주거나 개에게서 더 멀리 떨어진다. 간식을 계속

해서 무시하면 산책을 나간다. 산책하는 동안 긴장이 조금이라
도 풀어지면 좋은데 그조차 소용이 없으면 산책도 멈춘다. 그런
다음 개에게 관심을 주지 않으면서 함께 앉거나 서 있는다. 개가
사람의 존재에 익숙하게 하는 방법이다.

개가 간식을 먹으면 계속해서 던져 주는데 던질 때마다 점점
사람과 가까운 곳으로 던진다. 간식을 먹는다면 개의 상태는 계
속해서 나아질 것이다. 얼마나 빨리 개선되는지는 전적으로 개
에게 달려 있다. 개의 속도에 맞추는 것이 언제나 중요하다. 뭘
해야 한다는 생각을 버리고, 이완된 상태에서 개의 반응에 순응
하면서 행동하면 된다.

모든 것이 순조롭게 진행되면 사람과 매우 가까운 곳까지 올
것이다. 이쯤 되면 간식을 던져 주지 말고 간식을 들고 있는 손
을 내밀어 개가 먹는지 살핀다. 낯을 가리는 개라 해도 어느 정
도 시간이 지나면 사람의 손에 있는 간식을 받아먹을 것이다. 다
만 간식을 빨리 낚아채기 위해서 몸은 사람으로부터 최대한 먼
곳에 둔 채 머리만 앞으로 쭉 뺄 것이다. 전혀 문제가 되지 않는
다. 정해진 규칙은 없다. 개가 간식을 받아먹기만 하면 된다.

개가 몸을 점점 덜 빼면 더할 나위 없다. 이때가 바로 개가 간
식을 먹기 위해 조금 더 가까이 오게 만들 때다. 손을 몸에 가까
이 붙여 개가 간식을 먹기 위해 사람의 공간 안으로 들어오게
한다. 개가 자신감이 생겨 점점 더 가까이 오면 손으로 간식 한

쪽을 붙잡은 상태로 조금씩 뜯어먹게 한다.

음식을 도구로 사용하여 개가 세운 가상의 벽을 뛰어넘어서 사람을 '두려운 이방인'에서 '해를 입히지 않는 존재'로 여기도록 관점의 변화를 유도하는 것이다. 이제 개는 사람을 팝콘 제조기처럼 간식이 튀어나오는 뭔가로 볼 것이다. 그렇다고 해도 간식을 던져 주는 내내 개를 정면으로 쳐다봐서는 절대 안 된다. 개가 하는 모든 일에 무심해야 한다. 그렇게 개가 한 걸음씩 다가올 때마다 개의 신뢰를 얻는 것이다.

🐾 간식에서 쓰다듬기로

이 모든 과정은 단 30초 만에 끝날 수도 있다. 하지만 한 시간, 며칠 또는 몇 달이나 같은 과정을 반복해야 할지도 모른다. 얼마나 걸리는지는 전적으로 개에게 달렸다. 언제나 개의 속도에 맞춰 나아가야 한다는 것을 잊어서는 안 된다. 개가 편안함을 느끼는 속도보다 빠른 속도로 개를 밀어붙이면 상황은 더 악화된다. 인내심이 필요하다.

개가 근처까지 와서 사람의 손에서 계속 음식을 받아먹으면 개의 턱 밑을 슬쩍 부드럽게 긁어 봐도 된다. 절대로 머리 윗부분을 쓰다듬어서는 안 된다. 대부분의 개, 특히 불안함을 느끼는 개에게 이런 행동은 억압적이고 불쾌한 행동으로 간주될 수 있다.

☙ 사람에 대한 관심을 줄이기 위한 산책하기

간식보다 강력한 방법이 있다. 바로 산책이다. 개가 거부하지 않으면 함께 산책을 나간다. 오래 할수록 좋지만 짧은 산책도 큰 도움이 된다. 산책하는 동안 해야 할 일은 개에 대해 신경 쓰지 않는 것이다. 개에게 산책은 매우 가치 있는 경험이자 유대관계를 맺을 수 있는 수단이다.

산책을 통해 개와 긍정적인 경험을 공유하게 되고, 개는 당신을 무리의 동료로 받아들인다. 정적인 상태, 특히 실내에 있다면 개는 사람에게 온통 신경을 집중할 것이다. 하지만 산책을 하면 개는 수많은 것에 정신이 팔려 사람의 일거수일투족에 반응하지 않는다.

유대관계를 구축하기 위해 즐거운 산책을 한 다음 실내로 돌아와서 앞에서 설명한 대로 간식으로 교육을 시작하는 것이 바람직하다.

두려움의 원인 2 : 개

☙ 산책이 효과가 좋고 가장 안전한 방법

다른 개와 있을 때 불안과 두려움을 느끼는 개를 다룰 때는 사람이 원인일 때와는 다른 방식으로 접근해야 한다. 먹을 것을 이용하는 것과는 다른 기술이 필요하다. 통제된 환경, 다른 개가 존재하는 상황에서 지금까지와는 다른 방식으로 행동하도록 유도하는 것이 효과적이다.

다른 개를 두려워하는 상황에서는 거의 유일무이한 도구가 산책이다. 산책이야말로 개의 반응성 문제를 극복하도록 돕는 최고의 방법이다. 두려움을 느끼는 개가 고착된 행동 패턴을 극복하고 이전까지 불편함을 느꼈던 경험을 긍정적으로 받아들이도록 돕는 안전한 방법이기도 하다.

산책을 하면서 앞을 향해 몸을 움직이는 동안 개들의 마음도 발맞춰 전진한다. 언젠가는 혼자 두 마리 이상의 개를 산책시킬 수 있는 때가 오겠지만 처음에는 한 사람당 한 마리를 산책시킨다.

🐾 에너지가 적고 성격이 느긋한 도우미견을 찾는다

두려움을 느끼는 개를 돕는 '도우미견'을 선택할 때는 신중해야 한다. 가능하다면 에너지가 적고 다른 개의 공간을 굳이 침범하려고 하지 않는 개를 찾아야 한다. 낯을 가리는 개가 편안함을 느끼고 자신의 방식대로 행동할 수 있어야 하기 때문이다. 적극적으로 다른

개의 항문 냄새를 맡는 등 두려움을 느끼는 개를 자극하는 개가 아니라 친절하고 느긋한 개와 함께하면 문제를 해결하기가 쉬워진다.

침착하고 온화한 개를 보호소에서 찾기란 쉽지 않지만 가급적 조건에 근접한 개를 찾는다. 흥분하기 쉬운 핏불 두 마리라고 해도 둘 중 한 마리가 성격이 온화하다면 함께 산책하는 일이 가능하다.

🐾 개들 사이의 거리를 일정하게 유지하다가 서서히 좁힌다

도우미견과 교육 대상인 개는 각각 다른 사람과 산책을 시작하고, 처음에는 두 마리 사이의 거리를 유지해야 한다. 개가 불편함을 느낄 정도로 가까이 두어서는 안 된다. 당장 가까워질 필요가 없으니 시간을 충분히 갖는다. 사람은 두 마리의 개가 서로 시선을 마주치지 않도록 최선을 다한다. 개들이 서로에 대해 덜 집중하고 덜 신경 쓸수록 둘 사이의 긴장감은 완화될 것이다.

매우 민감한 개의 경우 서로 6~9미터 정도 거리를 두고 산책한다. 개들이 앞으로 나아가고 모두의 시선이 옆이 아닌 앞을 향하도록 한다. 산책을 나서면 개를 두려워하는 개는 눈에 띄게 이완 신호를 보일 것이다. 이때 도우미견과의 거리를 서서히 좁히기 시작한다. 도우미견은 주변 환경이나 교육받는 개의 행동에 반응하지 않고 무관심할 것이다. 개의 상태가 악화되지 않는다면 도우미견과 도우미견을 담당하는 사람 바로 옆에서 걸을 수 있을 때까지 조금씩 거리를 좁힌다.

🐾 다른 개의 냄새를 맡는 것은 좋은 신호다

다른 개와 근접한 상태에서 산책할 때는 두 마리의 개 사이에 사람이 위치하는 것이 좋다. 이 상태에서 잠시 걷다가 걸음을 멈추고 어떤 일이 일어나는지 본다. 두 마리 모두 리드 줄을 느슨하게 잡은 채 혹시 두려움이 많은 개가 도우미견에게 관심을 보이는지 살핀다. 관심을 보인다고 판단되면 도우미견을 원하는 만큼 탐지하게 둔다. 이때 도우미견의 시선을 다른 데로 돌려야 도우미견의 엉덩이 냄새를 편하게 맡을 수 있다. 다른 개의 냄새를 맡는다는 것은 아주 좋은 신호다.

🐾 두려움이 많은 개의 재활은 더디다

도우미견에게 전혀 흥미를 보이지 않더라도 문제될 건 없다. 조급함을 버려야 한다. 개가 얼마나 빨리, 얼마나 멀리 갈지 스스로 결정하게 둔다. 두려움과 불안을 느끼는 개들은 재활이 더디므로 인내심을 가져야 한다. 30분 정도의 짧은 산책으로 치료될 수 있는 성질의 문제가 아니다.

다른 개를 두려워하는 개의 심리 변화를 이끄는 일이므로 반복적으로 이루어져야 한다. 한 번 산책을 마칠 때마다 다른 개가 주변에 있어도 침착하고 이완된 심리 상태를 유지한다면 큰 성과라고 생각해야 한다. 그것만으로도 개에게 새로운 행동 패턴으로 향하는 문을 열어준 셈이기 때문이다. 이후에 낯선 개와 만날 때마다 점점 더 쉽게 적응할 수 있을 것이다.

두려움의 원인 3 : 환경

🐾 자극 요인에 대한 수용 한계를 알아낸다

두려움을 느끼는 원인이 물체나 상황이라면 먼저 개를 불편하게 만드는 것이 무엇인지 알아내야 한다. 그리고 사람에 대한 두려움을 치료할 때처럼 먹을 것을 사용해서 그것에 대한 관점을 바꿔 준다. 이 경우도 자극 요인을 먼저 알아낸 후 수용 한계, 즉 개가 두려움의 대상으로 인지하는 것과의 거리를 어느 정도까지 감내할 수 있는지를 알아내는 것이 중요하다.

🐾 공포가 심할 경우 교육 전에 한 끼를 굶긴다

개가 정확히 무엇을 두려워하고 있으며 사람이 개에게 얼마나 가까이 갈 수 있는지 또는 소리 등의 자극을 어느 정도까지 견딜 수 있는지 알고 나면 간식으로 무장하고 '역'조건 형성을 시작할 차례다. 극도의 공포를 느끼는 개의 경우 한 끼를 거르게 해서 배가 고픈 상태, 즉 음식에 의한 동기가 더 강해지게 만드는 것도 좋은 방법이다. 물론 굶기지 않고 정해진 식사 전에 교육을 해도 된다.

🐾 개가 놀랄 만한 요소가 적은 장소를 선택한다

다른 것과 마찬가지로 최대한 관리가 가능한 환경에서 재활을 해야 한다. 야외나 공공장소에서는 어려울 수 있으므로 개를 놀라게 할 만한 요소가 최소한으로 통제된 시간과 장소를 선택하고 충분한 시간을 들여 개의 자신감을 쌓는다.

🐾 실전! 트럭을 무서워하는 개

대형 트럭에 두려움을 느끼는 개를 예로 들어 보자. 먼저 개가 트럭으로부터 어느 정도 거리를 두고 있어야 그 상황을 받아들일 수 있는지 알아내야 한다. 처음에는 트럭의 시동을 끈 상태에서 시작하는 것이 좋다.

먼저 트럭에서 멀찍이 떨어져 일정한 거리를 유지한 상태로 측면으로 움직이며 "앉아.", "엎드려." 등 간단한 복종훈련을 한다. 그러다가 가끔씩 트럭을 향해 천천히 한 발짝 다가간다. 개가 다른 데 정신이 팔려 트럭에 주의를 기울이지 않도록 하는 것이다. 이때 계속 쳐다보게 두어서는 안 되지만 개가 가끔은 트럭을 보게 해야 한다. 트럭을 아예 보지 않는다면 일종의 눈가리 개를 한 것처럼 거부하는 상태므로 마음을 열고 트럭을 전과는 다르게 받아들이도록 한다.

🐾 두려운 대상에 다가가면 보상하고, 대상을 제거한다

활용하기 좋은 또 다른 접근 방식은 리드 줄을 채운 상태에서 개를 트럭에 가까이 가게 하는 것이다. 그러다가 두려움을 느끼는 지점에 도달하면 간식을 주고 뒤로 돌아 트럭에서 멀어진다. 다음에는 트럭을 향해 조금 더 가까이 걸어갔다가 간식을 주고 뒤로 돌아 트럭에서 멀어진다. 개가 두려움을 느끼는 대상에 가까이 가면 이에 대해 보상을 한 뒤 그 대상을 다시 제거하는 과정이다. 이는 개에게 일거양득의 방법이다. 이런 식으로 트럭과 점점 가까운 곳까지 가서 마지막에는 사람이 트럭을 손으로 만지고 개에게 간식을 준 뒤 되돌아온다.

시간이 지남에 따라 개는 트럭을 두려움의 대상이 아닌 간식 자동판매기로 여기게 되고, 마침내 트럭을 향해 가자고 사람을 끌어당기는 것이 최종 단계다.

모든 교육이 그렇듯 재활의 방정식에서 가장 중요한 변수는 개의 심리 상태다. 또한 우리가 변화시키려 하는 것도 바로 개의 마음이다. 두려움에 떨던 개의 심리 상태가 차분하게 바뀌고 나면 개의 삶도 모든 면에서 향상될 것이다.

핵심 포인트

• 개를 불편하게 만드는 모든 원인을 알아내고 자극 요인을 한 번에 하나씩 해결한다.

• 불안함을 느끼기 시작하는 지점부터 개의 재활 과정을 시작해서 천천히 전진한다.

• 언제나 통제된 환경에서 교육한다. 또한 최대한 개와 가까워진 상태에서 교육을 시작한다.

• 사람, 도우미견과 함께하는 산책은 두려움을 가진 개에게 두 대상을 모두 긍정적으로 느끼게 할 수 있는 최고의 방법이다.

4장
공격적인 개

사람을 문 개는 입양 가능성이 급속히 떨어진다

🐾 안락사가 유일한 선택일 때도 있다

구조와 보호소 활동을 하다 보면 어쩔 수 없이 공격적인 개를 다루는 상황을 맞이하게 된다. 물론 공격적인 개에 대한 개념은 사람마다 다르기 때문에 누군가는 공격적이라고 생각하는 개가 다른 사람에게는 평범한 개로 받아들여질 수도 있다. 개가 행동하고 상호 교류하는 방식을 이해할수록 개가 얼마나 상태가 나쁘고 위험한지 등에 대해 정확하게 판단할 수 있다. 즉, 개가 무슨 생각을 하는지 최선을 다해 정확히 이해해야 그 개가 입양될 수 있을지, 입양될 수 있다면 어떤 사람에게 언제쯤 입양될 수 있을지 제대로 판단할 수 있다.

누구나 구조단체나 보호소에 들어오는 모든 개를 살리고 이들에게 행복한 결말을 안겨주고 싶어 한다. 하지만 안타깝게도 그럴 수 없을 때도 있다.

어떤 개의 문제는 사람이 도울 수 있는 역량과 능력을 벗어난 경우일 때가 있다. 원인은 다양하다. 그들을 모두 살리고 싶지만 도와주기에는 이미 너무 늦어 버린 경우도 있고, 우리가 해 줄 수 없는 것을 필요로 하거나 현실적으로 도저히 개선될 수 없는 문제를 갖고 있는 개들도 있다는 사실에 직면하게 된다.

그렇다고 어떤 개는 돕고 어떤 개는 돕지 않아야 한다는 의미는 아니다. 단지 어떤 개는 도울 수 없으며 경우에 따라서는 그 개를 보내 줘야 한다는 것을 받아들여야 한다. 안락사가 최선의 선택이자 유일한 선택일 경우도 있다.

🐾 봉사자도 입양자도 위험에 빠져서는 안 된다

사람에 대한 공격성이 있고 물기 조절bite inhibition(개는 어린 시절 놀이를 하다가 강도 조절을 못해서 세게 물면 놀이가 갑자기 멈추는 경험을 하면서 물기 조절 능력을 갖추게 된다. 이런 사회화 과정을 제대로 거치지 못하면 물기 조절을 못하게 된다. _편집자 주) 능력이 없는 개의 경우가 이에 속한다. 개가 사람이나 개를 물어 심각한 상처를 입힐 가능성이 있는 경우라면 일반인에게 입양 보내서는 안 된다.

이는 무책임한 행동이다.

또한 봉사자들이 위험에 처하도록 해서도 안 된다. 개를 돕고자 헌신하는 사람들의 안전이 위협당하지 않게 현명해져야 한다. 불상사는 도처에서 일어난다.

🐾 물리지 않는 것이 중요하다

보호소라는 환경에서는 공격성을 개선하기가 매우 어렵다. 개를 데리고 나오려고 견사에 들어갔는데 막상 개는 사람이 근처에 오는 것을 원치 않을 수도 있다. 이처럼 어쩔 수 없는 일이 너무도 많다. 보호소가 지닌 한계를 개선하기 위해 할 수 있는 일에 대해 이야기를 나누지만 보호소에서는 불가능한 일일 수 있다. 다만 언제나 가장 염두에 두어야 할 것은 안전이고, 무모하게 굴면 반드시 개에게 물리며, 그 결과 개가 입양될 가능성에 아주 심각한 영향을 미칠 수 있음을 기억해야 한다.

그렇다고 무조건 낙담하고 비관적으로 생각할 필요는 없다. 단지 물리지 않고 안전을 지키는 일이 얼마나 중요한지, 구조자와 많은 봉사자들이 얼마나 막중한 책임을 지고 있는지를 말하고 싶은 것이다.

공격성을 유발하는 자극 요인을 찾는다

🐾 개는 '느닷없이' 뭔가를 하지 않는다

3장에서 다룬 '두려움과 불안을 느끼는 개'의 경우와 마찬가지로 개에게 공격성을 일으키는 자극 요인을 알아내는 것이 중요하다. 먼저 자극을 유도하는 촉매제가 무엇인지 판단한 다음 잘 통제된 환경에서 한 가지 또는 그 이상의 자극 요소에 대한 개의 반응을 변화시키는 작업을 해야 한다.

개를 자극하는 요인이 언제나 명확하게 드러나지는 않는다. '실내에 있을 때는 남성만 문다' 식으로 특정 상황에 따라 변화할 수 있으므로 이를 규명하는 것은 어려운 일이다. 개가 우리에게 이야기하는 것을 이해하려면 주의 깊게 관찰해야 한다. 개는 결코 '느닷없이' 뭔가를 하지 않는다. 개는 몸짓 언어를 통해 자신이 어떻게 느끼는지 지속적으로 말한다. 그래서 개가 보내는 신호를 배우고 이해하는 일이 매우 중요하다.

가장 흔하게 공격성을 일으키는 자극 요소는 '사람'과 '개'며, 이 범주 안에서 세분화된다. 개가 공격적으로 변하는 원인을 더 명확하게 특정하여 범위를 좁혀 나갈수록 개에게 딱 맞는 교육법을 만들어서 상황을 관리할 수 있다. 그래야 개가 누군가를 무는 불상사가 다시 일어나지 않을 것이다.

두려움에 의한 공격성

🐾 공격적인 개가 아니라 두려움을 느끼는 개가 문다

누군가를 무는 행위는 공격적인 개가 아니라 두려움을 느끼는 개에 의해서 더 많이 발생한다. 자신감 있는 개는 자신이 불편하게 느끼는 상황이 지속되면 자신이 어떤 짓까지 할 수 있는지를 분명하게 표현한다. 그래서 문제가 생기지 않는다.

반면 두려움이 많은 개는 다르다. 불안이 많은 개는 주로 조용하고 '슬퍼' 보이기 때문에 다른 개는 물론 사람도 이들이 현재 불편한 상태라는 것을 눈치채지 못한다. 자신의 감정을 숨기고 있다가 인내할 수 있는 한계를 넘어서면 개는 자신을 보호하기 위해 물게 되고, 결국 사고가 발생한다.

공격적인 개의 문제도 개의 의사소통 방식을 제대로 이해하는 것이 가장 핵심적인 기술이다. 그걸 이해하면 옷이 찢기고 손가락에 상처가 생기는 일을 사전에 막을 수 있다.

이제부터 이 말썽쟁이 개들을 개선시킬 수 있는 방법에 대해 더 자세히 다룰 것이다.

개를 향한 공격성

🐾 개라고 모든 개와 다 잘 지내야 하는 건 아니다

사람들은 흔히 모든 개는 다른 개와 잘 지내야 한다고 생각한다. 근데 개라고 꼭 그래야 하는 법이 있을까? 사람도 친구가 많은 사람이 있고, 적은 사람이 있다. 또한 처음 사람을 만났을 때 친구가 되고 싶다는 마음이 드는 경우가 있는 반면 어떤 경우에는 거부감을 느낄 수 있다. 개도 마찬가지로 어울리고 싶은 상대를 선택할 수 있다.

그래서 어떤 개 '한 마리'에게만 심술궂게 대한다고 해서 '공격적인 개'라고 단정 지어서는 안 된다.

🐾 공격적이라는 꼬리표가 붙은 개가 입양 후 잘 지내는 경우가 많은 이유

개가 견디기 어려운 보호소의 환경도 다각도로 고려해야 한다. 대부분의 보호소는 바로 옆 견사에 사는 다른 개와 정상적으로 교류할 수 없으며, 이는 개들에게 매우 좌절감을 준다. 게다가 운동의 기회, 정신과 신체에 활력을 주는 요소도 부족하므로 울타리를 가운데 두고 싸우는 장벽 공격성barrier aggression이 형성된다.

보호소에서는 공격적이라는 꼬리표가 붙은 개가 보호소 환경이라는 극도의 스트레스 상황에서 벗어나 입양이 된 후에 다른 개와 잘 지내는 경우를 많이 보았다. 어떤 개는 도저히 개선할 수 없을 정도로 다른 개에게 공격성을 보이지만 대부분은 교육을 통해 다른 개를 향한 행동과 태도를 개선할 수 있다.

🐾 개가 다른 개와 맺는 관계의 유형 4가지

개가 다른 개와 맺는 관계의 유형은 대부분 다음 범주 가운데 한두 가지에 해당된다.

모든 개와 잘 지낸다

모든 개와 잘 지내고 심지어 좋아하지 않는 개가 있더라도 별로 신경 쓰지 않는 낙천적인 개가 여기에 해당된다. 다른 개가 하는 일에 대해 으르렁거리거나 짖거나 달려드는 등의 반응을 보이지 않으므로 이런 개는 심술궂은 개를 교화하는 도우미견의 역할도 훌륭하게 해낼 수 있다.

어떤 개는 좋아하고 어떤 개는 싫어한다

어떤 개는 좋아하고 어떤 개는 싫어하는 개들이 있다. 수컷과 잘 지내지 못하는 수컷처럼 성별이 원인인 경우가 있다. 아니면 다른 개의 체격이나 성격일 수도 있고 자신에 비해 에너지가 너무 많은 것이 원인일 수도 있다. 다른 개를 싫어하는 이유를 도저히 알 수 없는 경우도 있지만 이런 경우에는 그 개의 감정을 그대로 존중해 주면 문제가 생기지 않는다.

다른 개의 행동에 맞춰서 반응한다

여기에 해당하는 개들은 암시에 민감하다. 다른 개가 친구가 되고 싶어 하면 이들은 친구가 될 것이다. 하지만 다른 개가 싸움을 원한다면 여기에도 응할 것이다. 이런 개들은 다른 개가 먼저 행동하면 거기에 반응하고 함께 놀다가도 너무 격렬해지면 공격적으로 변할 수 있다.

모든 개에게 공격적이다

어떤 개라도 근처에 있으면 반응하고 달려들며 으르렁거리는 개가 여기에 해당된다. 이들은 자신에게 너무 가까이 다가오는 개를 물어뜯을 것이다. 어쩌면 과거에 그런 경험이 있었을지도 모른다. 이 개들은 모든 개에게 평등하다. 어떤 개든, 어떤 상황에서든 달려든다.

개의 유형은 위의 한 가지에 속할 수 있지만 어떤 경우는 두 가지가 혼합해서 나타나는 개도 있다. 선택적, 반응적 개는 대부분의 개와 잘 지내다가도 상대 개가 자신에게 공격성을 보이면 자신도 공격성을 보인다. 반면 특정 종에 대해서는 즉시 공격적으로 반응한다. 그 이유를 사람이 정확히 알 수는 없다.

사람에 대한 공격성

🐾 리더십 부재, 소유와 영역 반응, 사회화의 부족 등 원인은
다양하다

낯선 사람, 특정한 계층이나 성별, 자신의 반려인까지, 개가
공격성을 보이는 사람은 다양하다. 주된 원인은 반려인의 리더
십 부재, 소유와 영역 반응, 종종 사회화의 부족이다.

사람에 대해 공격성을 보이는 개를 재활하는 일은 매우 까다
로울 수 있다. 특히 낯선 사람이 참여하는 경우 최대한 안전하게
작업해야 한다.

사람의 잘못된 행동 때문에 개가 누군가를 물면 입양 가능성
은 낮아질 수밖에 없다. 그러므로 개를 위해서라도 행동에 앞서
현명하게 생각해서 결정을 내리고, 참여해도 괜찮다고 느끼는
일에만 참여한다.

단순히 불안함만 느끼는 개는 뒤로 물러나려 하지만 두려움
이나 불안 때문에 공격적인 행동을 보이는 공포형 공격성의 개
는 불편해지면 단호하게 행동에 나설 것이다. 즉, 실수를 하거나
너무 빨리 움직이면 물릴 위험이 있다는 의미다. 때문에 급하게

밀어붙이지 말고 신중해야 한다.

🐾 봉사자가 개에게 물리는 원인

물리지 않으려면 개가 몸으로 하는 말에 주의를 기울이고 이해해야 한다. 구조봉사자들이 개에게 물리는 가장 큰 원인은 바로 이것이다.

'개와 서로 알기 위한 시간을 갖지 않는다.'

개의 반응을 일으키는 요소 혹은 개를 민감하게 만드는 무언가가 존재한다는 사실을 알면서도 일단 밀어붙인다. 개가 불편함을 느낄 수도 있는 상황으로 몰아넣는 것이다.

주의를 기울이기만 하면 개에게 불필요하게 물리는 사고를 막을 수 있다. 시간적 여유를 갖고 지식을 쌓으며 인내심을 가지면 된다. 물리지 않기 위한 해법은 가능한 한 무엇이 개를 자극하는지 알아내고 개가 부정적으로 반응하는 부분을 건드리거나 마음의 준비가 되지 않은 상황으로 몰아넣지 않는 것이다.

그런 다음 중요한 질문은 바로 이것이다. '전에 사람이나 다른 동물을 문 적이 있는 개의 교육에 참여해도 될까?'

이에 대한 대답은 참여자의 심리와 그 개가 이전에 끼친 가해의 정도에 달렸다. 이 대목에서 물기의 강도에 대해서 살펴봐야 한다.

🐾 이언 던바 박사의 물기의 강도

수의사이자 동물행동학자인 이언 던바Ian Dunbar 박사가 나눠 놓은 물기 강도의 단계는 다음과 같다.

1단계

불쾌함을 드러내거나 공격성을 띤 행동이지만 상대의 피부에 이빨이 닿지 않는다.

2단계

상대의 피부에 이빨이 닿았지만 자상(날카로운 것에 찔려서 생긴 상처)을 입히지는 않는다. 하지만 피부에 깊이 0.25밀리미터 미만의 흠집이 생기고 치아가 수평으로 움직이는 과정에서 출혈이 경미하게 발생한다. 하지만 수직으로 깊은 상처가 나지는 않는다.

3단계

한 번의 공격에 한 번 무는 경우. 1~4개의 자상이 발생하며 상처의 깊이는 개의 송곳니 길이의 절반을 넘지 않는다. 물린 대상이 손을 빼거나 사람이 개를 당겨서 떼어 내는 과정에서 단일한 방향으로 열상(피부가 찢기며 생기는 상처)이 발생하기도 한다. 작은 개는 점프하면서 문 다음에 바닥으로 착지하는 과정에서 중력에 의해 열상이 발생한다.

4단계

한 번의 공격에 한 번 무는 경우. 1~4개의 자상이 발생하며 이때 한 군데 이상의 상처가 개의 송곳니 절반 이상의 깊이로 난다. 상처 주변이 심하게 멍들거나 개가 문 채 머리를 좌우로 흔들어 열상이 양쪽으로 나기도 한다.

5단계

한 번의 공격에 여러 차례 물어 4단계 상처를 두 곳 이상 만드는 경우. 또는 여러 차례 공격에서 한 번 물 때마다 4단계의 상처를 한 번 이상 입히는 경우.

6단계

공격 대상이 사망한다.

🐾 사람을 무는 개의 99퍼센트는 입양이 가능하다

무는 개의 99퍼센트는 1단계나 2단계에 속하며 시간을 들여 교육하면 개선될 수 있고, 적합한 사람이 있다면 입양도 가능하다. 3단계의 개는 입양자의 협력 아래 가정에서는 교육할 수 있지만 전형적인 보호소 환경에서는 어렵다. 환경이 통제되기 어렵기 때문이다. 마음이 너그럽고 개에 대해 많이 알고, 함께 살아본 사람에게 입양되면 개선될 수 있다. 책임감 있고 개를 아주 잘 아는 사람이어야 한다.

🐾 입양이 어려운 개도 분명히 존재한다

개인적으로 4, 5단계에 해당하는 개는 말할 것도 없고 6단계에 해당하는 개는 절대 입양되어서는 안 된다고 생각한다. 주변에 있는 사람과 동물에게 실제로 위험한 존재며, 치명적인 해를 입히겠다는 의지로 물기 때문이다. 안타깝지만 이런 개에 대해 우리가 할 수 있는 선택은 평생 보호소에 수용하는 것과 안락사뿐이다. 슬픈 현실이지만 이런 개의 입양은 위험부담이 너무 크다.

공격성을 보이는 핏불을 교육해 달라는 요청을 받은 적이 있다. 내가 도착했을 때 그 개는 이미 가족 구성원을 모두 문 경험이 있는 상태였다. 그렇게 심하게 문 것은 아니었지만 걱정해야 하는 상황이었다.

훈련하는 동안 공격성을 보이지는 않았지만 개는 나를 뭔가 불안하게 만들었다. 가족들은 그 개를 계속 키우기 위해서 공격성을 잠재우려고, 헌신적으로 노력했다. 몇 달 뒤, 개는 어느 정도 개선된 모습을 보였지만 여전히 느닷없이 물곤 했다. 그리고 회가 거듭될수록 상처가 조금씩 깊어져서 3단계에 이르렀다. 그런데 가족들이 위험을 감수할 의지가 있었기 때문에 나는 도저히 고칠 수 없을 것 같다는 생각을 스스로 무시했다.

어느 날, 나는 혼비백산한 반려인으로부터 전화를 받았다. 내예감이 맞았다. 개는 딸을 문 다음 막아서는 아버지에게도 공격적으로 굴었다. 아버지는 가까스로 중문과 현관문 사이의 공간에 개를 가두고 문을 닫았다. 내가 도착했을 때 개는 흥분이 가라앉은 상태였지만 가족들은 완전히 겁에 질려서 개 근처로 가지도 못했다.

결국 동물 관리소에서 나와서 개를 포획해 갔고, 그날 가족은 안락사라는 힘든 결정을 내렸다. 지금도 나는 이 일을 생각하면 괴롭다. 가족들이 위험을 감수할 의지가 강했지만 그럼에도 불구하고 개를 포기하라는 조언을 했어야 했다. 더 큰 사고가 일어나지 않은 게 다행이었다.

🐾 구조자는 현실을 인정하고, 정직해야 하며, 안전을 지향해야 한다

개를 안락사하라는 조언은 쉽게 해서는 안 된다. 하지만 사람의 생명에 실제로 위협이 된다면 심각하게 고려해야 한다. 개가 상대의 생명을 위협할 정도의 공격성을 드러내는 일은 매우 드물다. 하지만 언제나 안전을 가장 염두에 둬야 한다는 사실 또한 잊어서는 안 된다.

동물구조에 종사하는 사람들 중에는 물리더라도 사고를 보고하지 않거나 필요한데도 병원 치료를 받지 않는 사람들이 있다. 하지만 누군가 병원에 갈 정도로 부상을 입었다면 그 사실을 무시해서는 안 된다. 최악의 시나리오가 어떤 것일지 생각해 보고, 그것을 감당할 수 있을 때 개를 구조해야 한다. 잘 문다고 알려진 개는 오로지 경험이 많은 자원봉사자만 다뤄야 한다.

병원 치료가 필요할 정도의 부상을 입힌 적이 있는 개가 안전하게 입양될 확률은 매우 낮다. 집 근처에 사람이 살지 않고, 오가는 사람이 없는 외진 곳에 살고, 책임감이 강하고 실력 있는 개 문제행동 전문가를 고용하더라도 그 개에게 안전한 가정을 찾아줄 수 있는 확률은 거의 없다.

구조자는 현실을 인정하고, 숨기는 것 없이 정직해야 하며, 무엇보다 안전을 지향해야 한다.

사람과 개 모두에 대한 공격성

🐾 산책하기가 가장 좋은 방법이다

사람과 개 모두에게 공격적인 개를 치료할 때 권장하는 방법은 산책이다. 두려움을 느끼는 개를 치료할 때와 마찬가지로 산책을 통해 다른 개나 사람이 주변에 있는 상황에서 상대에 맞설 필요가 없는 긍정적인 경험을 할 수 있게 한다. 산책을 더 많이 나갈수록 개는 새로운 경험에 대해 마음을 더 많이 열 것이다.

🐾 개의 공격성은 봉사자가 아니라 전문가가 다루어야 한다

사람과 개에게 공격성을 보이는 개를 다루는 방법을 상세하게 다루지 않을 것이다. 공격성을 보이는 개의 경우 실력이 출중한 전문가가 다루는 것이 바람직하기 때문이다. 자원봉사자가 부상을 입을 가능성이 있는 일을 시도하면 안 된다. 자원봉사자에게 공격적인 개를 다루도록 맡기기보다는 이전에 공격적인 개를 다뤄 본 경험이 있고 현실적인 치료 계획을 세울 수 있는 전문가를 찾아보기를 권한다.

자기 것을 지키기 위한 공격성

🐾 아무것도 없는 공간의 일부를 지키려는 개도 있다

소유물에 대한 보호 욕구를 지닌 개를 치료할 때는 먼저 개가 싸워서라도 지키려는 것, 즉 그만큼 소중하다고 생각하는 것이 무엇인지 정확하게 알아야 한다. 사람이 생각하는 것과 개가 실제로 가치를 두는 것이 다를 수 있다는 사실을 명심해야 한다. 뼈, 음식처럼 뻔한 것을 지키려고 하기도 하지만 사람, 심지어 아무것도 없는 공간의 일부분을 지키려 할 수도 있다. 또한 어떤 것을 지키려는 개는 더불어 다른 것들도 지키려 들 확률이 매우 높다.

🐾 다행히 이런 공격성은 치료가 쉽다

물건을 지키려는 개, 자기에게 중요한 무언가에 사람이 다가가면 고약하게 변하는 개는 보호소 환경에서 치료하기 매우 어렵다. 이런 경우는 환경을 통제하고 반복 훈련을 수없이 해야 하는데 보호소에서는 이런 조건을 갖추기가 어렵기 때문이다. 그럼에도 교육을 시킬 수 있는 적합한 사람이 있고, 최소의 상황을 갖출 수만 있다면 행동을 개선할 수 있다.

다행스러운 사실은 자극 요인만 규명되면 이런 개들은 매우 쉽게 예측할 수 있다는 것이다. 이들은 물체를 소유했을 때만 공격적으로 변하고 그 물체(들)가 없을 때는 그렇지 않다. 개를 치료하기 위해 정확히 어떤 상황을 설정해야 하는지 알 수 있고, 개에게 언제 자신만의 공간이 필요한지 판단할 수 있으므로 이들의 공격성은 치료하기가 쉽다.

물건을 지키기 위한 공격성

🐾 갖고 있는 것보다 더 좋은 것을 준다

자신이 갖고 있는 것을 빼앗을까 봐 두려워서 지키기 위해 공격성을 보이는 개들이 있다. 그런 개들에게는 네가 갖고 있는 것이 무엇이든 빼앗을 의도가 없다는 것, 사람이 자기에게 다가오면 더 좋은 일이 생길 거라는 믿음을 심어 주어야 한다. 이를 효과적으로 하려면 개가 가진 것보다 더 좋은 것이 필요하다. 가장 좋은 것은 생뼈, 개껌 등인데 만약 개가 이미 이것을 갖고 있다면 반드시 먼저 없애야 한다.

🐾 실전! 물건을 지키는 개의 단계별 교육법

많은 개가 신문, 서류, 휴지 등 종이를 물어뜯는 것을 좋아하므로 종이를 이용해서 교육시키는 방법이다.

- 개에게 종이를 준 다음 개가 종이를 물어뜯지 않고 그 위에 앉아 있다면 맛있는 간식으로 무장한 채 개에게 다가간다.
- 사람이 다가감에 따라 개의 몸이 경직되는 것이 보이면 그 즉시 간식을 던져 주고 뒤돌아 걸어간다.
- 개가 간식을 먹고 나면 같은 과정을 반복하되 매번 조금씩 개에게 더 가까이 가는 것을 목표로 한다.
- 이때 개의 몸짓 언어가 냄새를 맡고 몸을 낮추면서 '내게서 멀리 떨어져'라고 경고하다가 고개를 들고 관심을 보이면서 '이봐, 나에게 뭘 줄 거지?'라고 변화하는지 살펴야 한다.
- 사람이 접근할 때 싸움도 불사하겠다는 태도에서 무언가를 기대하는 태도로 바뀌면 개 바로 앞까지 걸어가서 바닥에 간식을 떨어뜨리고 자리를 뜨는 단계로 발전시킬 수 있다.
- 앞의 단계를 다 성공하고 나면 개 바로 앞까지 걸어가서 손으로 간식을 직접 준 다음 다시 뒤돌아온다.

이제 개는 사람이 자신에게 다가오기를 고대할 것이다. 사람이 자기가 좋아하는 것을 갖고 있고 가까이 올 때마다 더 좋은 것을 주기 때문이다. 개는 이런 상황을 근사하다고 여길 것이고 사람과 거리를 두기보다는 다가오기를 기대할 것이다.

이 모든 과정에는 시간이 필요하며 이번에도 개의 속도에 맞춰 진행되어야 한다. 너무 빨리 움직이지 말아야 한다. 언제나 개의 몸짓 언어를 확인한 후 다음 단계로 넘어갈지 결정한다.

- 마지막 단계는 개에게 걸어가 간식을 개의 코앞에 내밀고 개가 지키려 한 물체를 치운 다음 간식을 준다. 그런 다음 다시 그 물체를 돌려준다.

음식을 지키기 위한 공격성

🐾 일주일 정도 손으로 밥을 준다

밥그릇을 앞에 놓고 으르렁거리는 개를 교육시키는 방법은 너무나 많다. 가장 권하고 싶은 방법은 일주일 정도 하루에 한 끼 이상 손으로 밥을 주는 것이다. 보호소에서는 쉽지 않지만 임보(임시보호의 준말. 유기견을 구조한 후 입양을 보내기까지 잠시 맡아서 위탁하는 일_편집자 주)를 하는 가정에서는 쉽게 할 수 있다. 개

로 하여금 주변에 있는 사람이 자신의
음식에 손을 대면 뭔가 좋은 일이 일
어난다고 연상하도록 만들어 준다.

🐾 밥그릇으로 하는 교육
다음은 밥그릇을 통한 교육 과정이다.

- 교육을 시작하기 전에 밥그릇과 밥을 준비하는데 밥을 그릇
  안에 넣으면 안 된다.
- 준비하는 동안 개가 흥분한다면 개가 안정을 되찾을 때까지
  가만히 있는다.
- 개가 진정했다면 개가 밥을 먹는 장소로 가서 빈 밥그릇을
  내려 놓는다.
- 이 과정 동안 개를 밥그릇에서 먼 곳에서 잡고 있다가 사람
  이 밥그릇을 내려 놓으면 놔준다. 그때 개가 밥그릇으로 향
  하게 둔다.
- 개가 밥그릇으로 달려가 냄새를 맡은 다음 빈 것을 알고 어
  리둥절한 얼굴로 사람을 쳐다보면 밥그릇을 집어 들고 조리
  대로 돌아와 음식 몇 조각을 담은 다음 밥 먹는 장소에 가져
  다 놓는다.
- 음식을 금방 먹어 치우고 개는 또다시 혼란스러운 얼굴로 사

람을 쳐다볼 것이다.

- 한 번에 음식 몇 조각씩만 주면서 이 과정을 반복한다.
- 전체 과정을 몇 번 반복하고 나면 음식의 양을 조금 늘려서 내려 놓는다. 그런데 이번에는 그릇과 개 옆에 서서 개가 다 먹고 나면 몸을 굽혀 그릇에 음식을 몇 조각 더 떨어뜨려 준다. 이 과정을 두 번 정도 반복한다.
- 이어서 개가 밥그릇에 있는 마지막 음식을 먹고 있는 동안 음식을 그릇에 조금 더 떨어뜨려 준다.

위의 과정을 한 끼의 식사를 하는 동안 진행해도 되고, 이 전 과정을 1~2주 동안 계속해도 된다. 개의 공격성이 얼마나 강한 지, 치료 과정에 얼마나 잘 호응하는지에 따라 속도를 조절한다.

🐾 사람이 밥그릇으로 가면 좋은 일이 생긴다는 것을 인식시 키는 과정

개가 앞의 과정에 적응하면 다음 단계로 나아간다. 한 끼 식사 의 절반가량의 음식을 주고 개가 먹는 동안 그 옆에 서서 닭고 기 같은, 먹는 것보다 맛있는 간식을 그릇에 몇 조각씩 올려 준 다. 이런 과정을 통해 개에게 사람이 밥그릇으로 가면 좋은 일이 일어난다는 것을 인식시킨다. 개가 밥그릇과 좋은 일을 연관시 키고 아무런 공격성도 보이지 않으면 교육을 중단하고 정상적

으로 식사를 하게 한다.

지금까지 소개한 기술은 변형할 수 있지만 개인적으로 가장 효과를 본 방법이다. 입양 보내기 전에 개의 문제행동을 완전히 치료할 수 있다면 가장 좋을 것이다. 하지만 시간이 부족해서 완전히 치료할 수 없더라도 앞의 방법을 사용하면 어느 정도 개선할 수는 있다. 그런 다음 개를 입양할 사람에게 교육 방법을 알려주고 집에서 지속하도록 하면 된다.

핵심 포인트

- 모든 개를 구할 수 없고 모든 개의 행동 문제를 치료할 수 없다는 사실을 인정한다.
- 언제 긴장하는지 알아내기 위해 개의 몸짓 언어에 주의를 기울인다.
- 개와 함께 있을 때 불편한 느낌이 든다면 그 개의 교육 과정에 참여하지 않는다.
- 공격적인 개가 중요하게 생각하는 물건이나 사람 등을 대할 때는 조심하고 신중해야 한다.
- 개에게 무언가를 지키기 위한 공격성이 있는지의 여부는 충분한 시간을 두고 평가해야 한다.

5장
보호소의
강아지

최대한 빨리 사회화를 시작한다

🐾 보호소에서 강아지는 부정적인 경험만 한다

개의 삶이 시작되는 강아지 시기는 매우 중요하다. 이 시기에 사람이 개를 위해 하는 일들이 성공하느냐 실패하느냐의 문제는 개가 성견으로 자랐을 때의 행동에 지대한 영향을 미친다. 강아지가 행복하고 사람과의 삶에 잘 적응한 성견으로 성장하려면 긍정적인 경험에 많이 노출되어야 한다. 하지만 안타깝게도 보호소에서는 주로 격리되어 있어서 부정적인 경험만 하게 된다.

당면한 목표는 강아지를 최대한 자주 보호소 밖을 경험하게 하고, 가급적 빨리 보호소에서 벗어나게 하는 것이다. 가장 우선적으로 해야 할 일은 입양이다. 강아지가 제대로 성장할 수 있는 최적의 장소는 평생 함께할 가족이 있는 가정이며, 막강한 귀여움으로 무장한 시기인만큼 강아지는 대체로 빠른 시간 안에 입양되기 때문이다. 입양되지 못하고 보호소에서 성장하는 개는 다양한 행동문제를 지닐 수 있다.

🐾 가장 중요한 사회화의 대상은 사람, 개, 환경

강아지에게 가장 중요한 것은 바로 사회화다. 많은 것을 받아들이는 민감한 시기고 훗날 어떤 성견이 될지에 가장 큰 영향을 미치므로 사회화에 모든 초점을 맞춰야 한다.

그 가운데서도 가장 집중해서 사회화해야 할 대상은 사람, 개, 환경이다. 이 세 가지는 모든 강아지와 강아지를 입양할 사람의 삶에 영향을 미칠 것이고, 그래서 가장 많은 고민이 필요하다.

사람에 대한 사회화

🐾 낯선 사람을 다양하게, 많이 만날수록 좋다

강아지에게 적합한 사회화란 무엇일까? 먼저 사람에 대한 사회화를 살펴보자. 강아지의 사회화에 도움이 되려면 얼마나 많은 사람이 필요할까? 보호소에서는 많은 사람을 만날 수 없으므로 가능한 만큼만 준비한다. 강아지가 일주일간 생전 처음 보는 사람을 열 명 이상 만날 수 있으면 이상적이다. 그러나 숫자에 너무 집착할 필요는 없다. 만날 수 있는 사람의 수가 많을수록 좋다는 사실만 알면 된다.

강아지는 모든 종류의, 다양한 사람을 만나야 한다. 다양한 인종과 민족, 키가 크거나 작은 사람, 뚱뚱하거나 마른 사람, 나이든 사람과 젊은 사람, 아기, 안경이나 모자를 쓴 사람, 우산을 들고 있는 사람, 목발이나 지팡이를 짚은 사람, 휠체어를 탄 사람, 할로윈 의상·전통의상·산타 옷을 입은 사람, 겨울 코트나 밝은 색의 우비를 입은 사람, 롤러스케이트나 스쿠터, 스케이트보드를 타는 사람 등 최대한 다양한 모습의 사람을 만나야 한다.

이 모든 사람이 강아지를 만나 교류하고 다루게 하되 감독하는 사람이 있어야 한다. 많은 만남이 강아지에게 긍정적인 경험이 되어야 하는데 잘못하면 오히려 잘못된 방향으로 사회화가 진행될 수 있기 때문이다. 대부분의 강아지는 사람이 자기에게 관심을 보이면 신이 난다. 그걸 마냥 쳐다보고만 있으면 안 된다. 강아지의 몸짓 언어를 유심히 지켜보면서 사람들의 손에서 강아지가 빠져 나오고 싶어하는 순간을 알아채야 한다.

🐾 어린 아이가 있는 집으로 입양을 보내는 것은 신중해야 한다

아이와 교류하는 동안은 특히 신중해야 한다. 아이들은 강아지의 귀여움에 사로잡히기 쉽고 만지겠다는 생각으로 가득 차서 때때로 지나치게 강아지를 주무른다. 이런 경험을 하고 나면 강아지는 아이들을 꺼리게 된다.

그래서 강아지와 놀려면 규칙을 따라야 한다는 사실을 아직 이해하지 못할 정도로 어린 아이가 있는 가정에 강아지를 입양 보내는 것을 별로 권하지 않는다. 게다가 어린 자녀를 둔 가정이라면 이미 사람 버전의 강아지를 키우고 있는 셈이므로 분명 관심이 분산되고 결국 개는 방임될 것이다.

다른 개에 대한 사회화

🐾 줄을 매지 않은 상태에서 교류하기

지금까지 설명한 사람에 대한 사회화 지침은 다른 개에 대한 사회화에도 적용된다. 집 근처를 서성이는 정도의 짧은 산책을 일주일에 고작 세 번 하면서 다른 개의 냄새를 맡게 하는 것만으로 사회화를 대충 얼버무릴 수는 없다.

다른 개와의 진정한 교류는 사람이 제약하지 않는 상황에서 이루어져야 한다. 이는 줄에 묶여 있지 않아야 한다는 의미다. 쉽지 않은 과제인데 특히 안전에 신경 써야 한다.

리드 줄을 하지 않은 상태에서 다른 개들과 교류할 수 있어야

물기 조절 능력을 키울 수 있다. 물기 강도를 조절하려면 기본적으로 강아지들이 자기 입 안의 작고 뾰족한 유치로 누군가를 다치게 할 수 있다는 사실을 학습해야 한다.

🐾 강아지 때 물기 조절 능력을 익힌다

사회화가 잘 된 성견 두 마리가 노는 모습을 보면 계속해서 서로에게 입질을 하지만 결코 무시무시한 치아로 상처를 입히지 않는다. 이 개들은 강아지 시절에도 상대에게 해를 끼치지 않는 입질을 끊임없이 했을 것이다. 물론 어쩌다가 조금은 너무 강하게 문 경우도 있었을 텐데 그때 물린 개가 깨갱거리고, 문 강아지나 물린 강아지 모두 놀라 놀이를 멈추고 서로를 바라보는 경험을 했을 것이다. 이를 통해서 문 강아지는 놀이를 계속하고 싶다면 적당히 물어야 한다는 사실을 깨닫게 된다. 그래서 강아지들은 친구들과 계속 놀려고 물기 강도를 알아서 조절하게 된다.

강아지의 치아가 작고 뾰족한 바늘같이 생긴 이유가 바로 이 것이다. 치명적인 상처를 입히지는 않지만 물면 다친다는 사실을 학습하고, 결국 부드럽게 무는 법을 배울 수 있기 때문이다. 하지만 아프게 물렸는데도 티 내지 않고 참는 강아지도 있으므로 성견과 함께 지내며 사회화를 하는 것이 좋다. 성견은 치기 어린 강아지들의 행동을 무작정 참지 않고 적절하게 훈육한다. 성견과 교류함으로써 강아지들은 함부로 물어도 되는 것은 장난감이고, 같은 개에게는 그러면 안 된다는 것을 배울 것이다.

🐾 성견을 만나게 하고, 반려견 놀이터보다는 집에서 만나게 한다

안전을 유지하면서도 강아지가 다른 개들과 제대로 교류하게 하려면 어떻게 해야 할까? 반려견 놀이터에 찾아오는 개들의 건강 상태를 알 수 없으므로 아직 어린 강아지를 이곳에 데려가는 것은 바람직하지 않다. 대신 건강하고 예방접종을 마쳤다는 사실을 확인할 수 있는 개들과의 만남을 주선한다. 건강하고 우호적인 개들과 만나 놀이를 하는 일은 보호소나 임보 가정에서도 가능하다.

강아지에게 다른 개와 지내며 사회화할 수 있는 기회를 주는 것이 충족시키기 어려운 조건이기는 하지만 가장 중요한 조건이므로 노력해야 한다.

환경에 대한 사회화

🐾 복잡하고 이상한 인간 세상에 노출시킨다

사회화라는 여정의 다음 정거장은 바로 '환경'이다. 사람 세계는 온갖 종류의 이상한 장소, 소음, 장치, 사건으로 가득 차 있으며, 강아지 시기에 이러한 것들에 대해 학습하지 않으면 성견이 되어 낯선 환경에 노출되었을 때 그야말로 기겁할 수 있다. 달리는 기차를 한 번도 본 적이 없는 개가 굉음을 내며 지나가는 기차를 본다면 패닉 상태에 빠질 것이다. 전혀 예상하지 못한 것, 도저히 정체를 알 수 없는 것을 보는 것은 누구에게나 무서운 일이다. 그러므로 사람 세계가 그들에게 선사할 모든 가능성에 개를 노출시켜야 한다. 어렸을 때 이미 볼 만큼 보았다면 사람 세계의 이상한 것들이 자신을 해치지 않으리라는 사실을 학습할 것이다.

이제 보호소 밖, 진짜 세상으로 강아지를 데리고 나간다. 보호소에서 자란 강아지는 공포에 사로잡히고 마음의 문을 닫아 버린 성견이 되기 쉽다. 보호소 밖의 어떤 것도 제대로 본 적이 없기 때문이다. 자동차로 다닐 때 강아지를 동행하고 우리가 살고 있는 거대한 세상을 받아들이게 해 준다면 강아지는 모든 것에 적응할 것이다.

🐾 강아지는 낯선 환경에게 사람을 보호자로 인식하게 된다

중요한 것은 강아지가 모든 것을 긍정적으로, 대수롭지 않게 경험해야 한다. 개가 처음 보는 것에 대해서 겁을 먹거나 불안해하는 것은 당연하다. 그것이 무시무시하게 보이고 엄청난 소음을 만들어 내지만 자신을 해치지 않는다는 사실을 깨달을 때까지 강아지로 하여금 꾸준히 접하게 한다.

강아지가 그런 것에 압도당하지 않게 주의하면서 강아지에게 언제 어떤 경험이 지나치게 자극적인지, 자극이 강해지는지를 관찰하고 알아둔다. 기차를 예로 들면 먼저 철로에서 멀리 떨어진 곳에서 기차에 노출시킨 다음 조금씩 적응하면서 천천히 가까이 가는 것이 좋다.

만일 강아지를 입양할 입양자가 정해졌다면 강아지에게 이제부터는 입양자가 자신을 이끌어 주고 보호하는 존재라는 것을 확인시켜 줘야 한다. 강아지에게 이러한 경험이 전혀 두려워하거나 불안해할 필요가 없음을 알려주는 것은 입양자의 역할이다. 입양자가 어떻게 행동하는지는 개의 성장에 중요한 요소다. 입양자가 역할을 제대로 하지 못하면 강아지는 사람과 함께 사는 세상에 제대로 적응하지 못하게 된다.

생후 7주에 시작하는 강아지를 위한
3가지 사회화 숙제

* 매주 새로운 사람을 10명 만나게 한다.
* 매주 줄을 푼 채 새로운 개 10마리를 만나게 한다.
* 새로운 장소에 많이 데리고 간다.

🐾 낯선 상황에서 불안해하는 강아지를 안고 '괜찮아.'라고 말하지 않는다

개는 자신을 지지해 주고 이끌어 줄 사람을 항상 필요로 하고 끊임 없이 사람의 몸짓 언어와 에너지를 읽어서 자신이 어떻게 해야 할지를 판단한다. 어떤 대상이나 환경에 강아지를 노출시켰을 때 강아지가 불안하거나 초조하다는 신호를 보이거나 두려움을 느끼더라도 절대 강아지를 안고 '다 괜찮아'라고 말하지 않는다. 이런 행동은 강아지의 불안정한 심리 상태를 악화시킬 뿐이다. 강아지에게 애정 표현을 하는 바로 그 순간의 강아지의 심리 상태와 행동을 더 확실하게 각인시키게 된다.

그렇다면 어떻게 해야 할까? 강아지를 안심시키고 싶은 인간다운 욕망을 잠시 접어두고 개처럼 그리고 리더로서 생각하고 행동한다. 강아지가 겁에 질려 집 안 바닥에 소변을 지리고 완전히 넋이 나간 상태라면 큰 개로서 리더로서 해야 할 일은 강아

지를 자극을 준 대상으로부터 멀리 떨어트리는 것이다. 그런 다음 강아지가 안심할 수 있는 거리를 유지한 채 부담이 되지 않는 강도로 다시 사회화를 시도한다. 개를 겁먹게 만드는 것이 기차라면, 개가 불안을 완전히 극복하지는 못했어도 어느 정도 두려운 감정에서 벗어난 모습을 보일 때까지 기차와 거리를 둔다. 바로 이때 주변에 기차가 있어도 나쁜 일이 일어나지 않는다는 사실에 강아지가 익숙해지도록 장난감으로 놀이를 하거나 간식을 줘서 개가 기차 외의 다른 것에 정신이 팔리도록 주의를 돌린다. 아니면 그냥 그곳에 머물며 강아지 스스로 진정될 때까지 기다릴 수도 있다.

🐾 간식 먹기도 거부하면 진짜 두려운 것

반면 강아지가 어떤 것에 대한 두려움과 불안함에 정신을 빼앗길 정도라면 강아지를 급하고 강하게 몰아붙여서는 안 된다. 언제나 강아지의 속도에 맞춰 나아가야 한다. 강아지의 몸짓 언어를 지켜보고 그날 충분히 교육했다고 판단되는 시점을 알아내야 한다. 시간을 두고 두려움의 대상에 짧고 반복적으로 노출시키는 게 중요하다.

음식에 의해 동기를 부여받는 개의 경우 어떤 것에 노출되었을 때 느끼는 두려움과 불안함의 정도를 쉽게 알 수 있다. 간식을 줬을 때 받아먹으면 심각하게 겁먹은 것은 아니다. 반면 간식도 먹지 않으면 자극이 너무 강하거나 자극이 되는 대상과의 거리가 너무 가까운 것이므로 훈련의 속도를 늦춰야 한다.

🐾 사회화로 향하는 문은 강아지가 크면서 서서히 닫힌다

강아지를 돌보는 동안 해야 할 일은 수없이 많다. 그런데 보호소나 구조단체에 몸담고 있는 사람에게는 늘 시간이 부족하다. 이럴 때는 가장 중요한 것에 집중해야 한다. 그것이 바로 사회화다. 개의 사회화는 교육이 가능한 시기가 정해져 있기 때문이다.

배변 교육, 물어뜯거나 씹지 않기, 기본적인 복종훈련 등은 나이와 상관없이 배울 수 있다. 물론 강아지 때 배우면 가장 좋지만 그 시기가 지나도 가능하다. 하지만 사회화로 향하는 문은 강아지가 크면서 매일 조금씩 닫힌다. 강아지 때 사회화에 집중해야 하는 이유다.

가능하다면 사회화와 함께 다른 학습 과정도 진행하면 좋다. 특히 강아지가 보호소가 아니라 임보 가정에 있다면 사회화와 함께 다른 여러 교육을 진행한다.

중요한 것은 강아지가 하루 종일 만나는 모든 사람과 개를 사랑할 수 있도록 만드는 것이다. 또한 어디를 가든 침착하게 행동하도록 교육해야 한다. 그래야만 입양 가기가 쉽고 입양 후에 파양될 확률이 줄어든다.

강아지를 입양하는 사람들이
가장 걱정하는 것은 배변 교육이다

🐾 보호소에서는 불가능, 임보 가정에서는 가능한 배변 교육

앞에서 누누이 이야기했듯 강아지를 교육하는 데 있어서 가장 우선적으로 해야 할 것은 사회화다. 그런데 보호소에서 강아지를 입양하는 대부분의 사람이 가장 걱정하는 것은 배변 교육이다. 실제로 보호소 환경에서 배변 교육을 제대로 하는 일은 불가능에 가깝고, 배변 후 뒤처리를 하는 정도에 그친다. 보호소에 있으면서 하루에 고작 한두 번 산책을 나가는 강아지에게 배변 교육을 할 수 있는 방법은 현실적으로 존재하지 않는다.

하지만 임보 가정에서라면 가능하다. 배변 교육도 최대한 빨리 해야 한다. 제대로만 한다면 강아지 배변 교육은 몇 주 안에 완료되고, 그 뒤로는 다시 교육시킬 필요가 없다. 절대 쉬운 과정은 아니지만 강아지 때 시간과 노력을 쏟고 잠을 조금 줄인다면 오히려 빨리 끝낼 수 있다. 배변 교육까지 마친 강아지는 곧장 안심하고 입양을 보낼 수 있다.

배변 교육에 지름길은 없다. 강아지를 키우는 사람이라면 누구나 똑같은 과정을 겪어야 한다. 물론 어떤 강아지는 쉽고 빨리 배우고, 어떤 강아지는 시간이 꽤나 걸리고 애를 먹일 수 있다. 하지만 과정은 똑같다. 계획을 세우고 계획을 철저하게 따른다

면 배변 교육은 더 빨리 완료된다.

강아지에게 요구하기 전에 사람이
성공할 수 있는 조건을 만들어야 한다

🐾 강아지에게 너무 많은 공간을 주면 실패할 확률이 커진다

배변 교육에서 강아지에게 너무 많은 자유를 주는 것은 실패할 수밖에 없는 조건을 만드는 셈이다. 처음에는 좁은 공간에 머물게 하다가 강아지가 규칙을 배움에 따라 조금씩 공간을 넓혀 주는 것이 좋다.

많은 사람이 강아지를 입양하면 거의 제한을 하지 않은 채 집 안을 자유롭게 돌아다니게 한다. 그러면서 집에서 소변 냄새가 나는 이유를 모르겠다고 한다. 배변 교육은 강아지가 사람 세상의 규칙을 따르며 살아가는 방식을 가르치는 것이므로 반드시 감독해야 한다. 강아지가 어떤 일을 하기를 바란다면 먼저 그게 어떤 것인지 단계별로 정확하게 보여 줘야 한다. 성공할 수 있는 조건을 만드는 게 중요하다.

자기 마음대로 할 수 있다면 강아지는 철저하게 개의 입장에서 결정을 내릴 것이다. 그리고 그 결정은 아마도 사람이 원하는 것과는 다를 것이다. 그러므로 강아지에게 사람 세계에 적응하

는 법과 사람 세계에서 개로서 지켜야 하는 규칙을 사람이 제대로 가르쳐야 한다.

🐾 강아지가 배변에 실패할 시간은 하루 최소 22시간이다

배변을 어디에 해야 하는지 아는 상태로 태어나는 개는 없다. 배변 규칙은 사람이 가르쳐야 배울 수 있다. 하루 24시간 가운데 강아지가 실외에서 보내는 시간은 평균 얼마일까? 대부분 길어야 두어 시간이다.

이 말은 강아지가 배변에 적절한 장소를 찾을 시간이 하루에 고작 2시간뿐이고, 잘못된 장소를 찾을 시간은 무려 22시간이라는 의미다. 강아지가 적절한 장소에 볼일을 볼 가능성은 형편 없이 낮은 반면 잘못된 장소에 볼 가능성은 아주 높다는 것이다. 강아지가 실내에서 지내는 22시간을 제대로 관리해야 강아지를 효과적으로 적절한 장소로 인도할 수 있다.

🐾 철장, 울타리를 사용한다

철장과 울타리는 배변 교육에 있어 가장 강력한 도구다. 일단 철장 한 곳을 잠자리로 사용하도록 훈련하면 이곳은 개가 볼일을 보지 않는 안전지대가 된다. 개는 본능적으로 자는 곳에서 대소변을 보지 않는다. 철장 안이 개의 은신처가 되려면 공간이 너무 넓지 않아야 한다. 철장의 크기는 개의 체격보다 약간 큰 정도가 좋다. 개가 마음 놓고 한쪽 구석에서 볼일을 보고 다른 한쪽 구석에서 잠을 잘 정도로 커서는 안 된다. 대형견용 철장은 칸막이가 있어 공간을 작게 만들 수 있다. 처음에는 칸막이를 사용해서 공간을 좁게 만들었다가 개가 성장함에 따라 공간을 넓힌다.

안타깝게도 펫숍에서 팔리는 개는 한정된 공간에 갇혀 있는 상태여서 같은 곳에서 잠을 자고 볼일을 볼 수밖에 없다. 하지만 같은 곳에서 자고 싸는 습관이 아직 몸에 배지 않은 상태라면 입양 후에도 교육이 가능하다.

철장의 크기를 강아지에게 적당하게 제공한다면 그곳은 안전지대가 될 수 있다. 그 안에 있는 동안에는 대소변을 보지 않을 테니까.

하루 동안의 체계적인 배변 교육 계획

🐾 지켜본다는 말은 강아지에게서 눈을 떼지 않는다는 의미다

체계적일수록 교육의 과정은 쉽게 진행된다. 다음은 하루 동안 실시해야 하는 배변 교육 계획이다.

강아지는 밤새 철장 혹은 울타리 안에 머문 탓에 볼일을 보지 못했을 것이다. 매일 아침에 일어나자마자 가장 먼저 강아지를 울타리에서 꺼낸 다음 안은 채 실외(또는 실내의 배변 장소나 배변 패드)의 배변 장소로 데리고 간다. 강아지가 소변을 보고 나면 간식으로 보상하지 말고 칭찬해 준다. 타이밍을 정확하게 맞추는 것이 중요하므로 간식보다 칭찬이 낫다. 모든 강아지는 칭찬과 애정을 좋아한다. 그런 다음 집 안에 풀어 주고 지켜보면서 자유 시간을 준다.

🐾 기상 직후, 소변 성공과 실패 시 대응법

지켜본다는 말은 강아지에게서 눈을 떼지 않는다는 의미다. 강아지는 시야에서 사라지면 사고를 치기 때문이고, 중요한 것은 배변 교육 때 현장에서 적발하지 않으면 행동을 교정할 수 없기 때문이다. 배변 교육은 강아지가 대소변을 보고 바로 반응하지 않으면 의미가 없다. 그래서 지켜보라는 것이고, 흥건하게 고인 소변을 발견했다면 아무 반응도 하지 말고 뒤처리를 조용히 해야 한다. 한눈을 팔다 볼일 보는 장면을 놓친 자신을 탓해야 한다.

엉뚱한 곳에서 볼일을 보고 있는 현장을 목격할 수도 있다. 이럴 때는 강아지가 놀랄 정도로 크지만 겁을 먹지는 않을 만큼 "야!" 하고 소리를 친다. 그리고 강아지를 들고 배변 장소로 간다. 이미 강아지의 작은 방광은 텅 빈 상태일 테지만 상관없다. 어찌 되었든 옮긴 배변 장소에서 소변을 마무리했다면 칭찬과 함께 즐거운 시간을 보낸다.

배변 실수를 했을 때 대처하는 법은 이게 전부다. 이거면 충분하다. 강아지에게 소변 냄새를 맡게 하거나 고함을 치거나 반성의 시간을 줘 봐야 소용없다.

🐾 강아지는 물을 마시면 10분 뒤에 몸 밖으로 내보낸다

상쾌한 아침 배변을 마치고 나면 아마도 아침식사와 물을 줄 시간이 될 것이다. 강아지가 생후 6개월이 될 때까지는 하루 세 번 밥을 줄 것을 권한다. 성견의 경우에는 하루 한 번 주는 사람도 있지만 두 번 주는 것이 바람직하다.

다행인 것은 강아지는 배변 시간이 쉽게 예측 가능하다는 점이다. 뭔가 몸 안으로 들어가면 반드시 곧 나오므로 강아지가 어릴수록 눈을 떼서는 안 된다. 생후 8주인 강아지가 물을 한 모금 마시면 이는 약 10분 뒤 몸 밖으로 나온다. 나이가 들수록 그 시간이 길어지지만 일단 음식과 물이 들어가면 반드시 나오게 되어 있다.

사람들이 저지르는 가장 큰 실수는 물 마시는 것을 관찰하지 않는 것이다. 소변을 본 후 사람이 알아차리지 못하는 사이에 강아지는 물을 많이 마시고 곧 다시 소변을 볼 것이다. 항상 지켜봐야 하는 이유가 바로 이것이다. 강아지가 언제, 뭘 먹었는지 정확하게 알아야 강아지가 배설할 때를 이용해서 배변 장소로 데리고 가고 적절한 장소에 볼일을 보게 할 수 있다.

강아지에게 음식과 물을 준 다음 강아지의 연령에 따라 10분에서 30분 정도 기다렸다가 배변 장소로 데리고 나간다. 강아지가 소변을 보면 칭찬한다. 강아지의 물탱크가 비었으니 이제 자유 시간을 준다. 물론 사람이 지켜보는 가운데의 자유 시간이다.

🐾 3개월 된 강아지는 3시간 정도 대변을 참을 수 있다

앞의 방법은 소변 가리는 데는 효과적인데 대변은 조금 어려울 수 있다. 개는 대부분 하루 끼니 수보다 대변을 한 번 더 본다. 예를 들어 하루 세 번 밥을 먹는 강아지는 평균 네 번 대변을 보는 식이다. 밤이 늦었는데 강아지가 그날 대변을 한 번밖에 보지 않았다면 이를 떠올려야 한다. 십중팔구 '때'가 되었을 것이므로 볼일을 볼 때까지 계속 강아지를 배변 장소로 데리고 가야 한다.

사람이 강아지가 대변을 볼 때쯤을 예측하고 있어야 하는데 강아지가 생후 몇 개월인지를 생각하면 어느 정도 예측이 가능하다. 개월 수에 따라 대변을 참을 수 있는 시간이 다르기 때문이다. 3개월 된 강아지는 3시간 정도 대변을 참을 수 있다. 그보다 오래 참다가 강아지가 실수를 한다면 그건 사람의 잘못이다. 하지만 잠자리에 들어 강아지가 활동을 하지 않고 음식이나 물을 전혀 섭취하지 않는 밤 시간은 이 규칙에서 제외된다.

강아지가 잘 먹고 소변과 대변도 잘 해결한 다음 놀고 있더라도 강아지가 볼일을 볼 때가 되었다고 생각되면 배변 장소로 데리고 간다. 이 시기에는 아무리 배변 장소로 자주 옮겨도 나쁠 것이 없다. 다행히 강아지가 볼일을 보면 칭찬을 하고, 더 많은 자유 시간을 준다(자유 시간에도 지켜보고 있어야 한다).

🐾 배변 교육 실패는 대부분 사람 때문이다

강아지가 볼일을 볼 때가 되었는데 보지 않는다면 강아지와 자유롭게 놀고 싶더라도 강아지를 철장 안에 넣어둔다. 그렇게 20~30분 정도 기다렸다가 강아지를 데리고 다시 배변 장소로 간다. 강아지가 볼일을 보면 칭찬을 한 다음 자유 시간을 주고, 볼일을 보지 않으면 다시 철장에 넣어 놓는다.

이렇게 철장과 배변 장소를 왕복하다가 강아지가 배변 장소에 볼일을 보면 칭찬하고 자유 시간을 준다. 강아지는 본능적으로 자신의 잠자리 영역인 철장 혹은 울타리 안에서 볼일을 보지 않으려 하기 때문에 철장 안에서 강아지가 실례를 할 가능성은 매우 낮다.

배변 장소로 데리고 갔는데 그곳에서 볼일을 보면 칭찬한 다음 자유 시간을 주는 이 과정을 매일 실천한다. 대소변을 보지 않으면 철장과 배변 장소를 왕복하는 일을 계속한다.

배변 교육 실패는 대부분 사람 때문이다. 지켜보지 않은 채 너무 많은 물을 마시게 하거나 철장을 적절하게 사용하지 않았기 때문이다.

🐾 새끼 강아지는 새벽에 한 번 볼일을 보게 한다

잠자리에 들기 전에 하루를 마무리하며 마지막으로 해야 할 일이 있다. 강아지를 잠깐 배변 장소로 데리고 가서 소변을 보게 하는 것이다. 밤새 강아지의 방광을 비어 있는 상태로 유지하려면 저녁 8시 이후에는 물을 주지 않을 것을 권한다. 자기 전에 소변을 보게 한 후 강아지를 잠자리가 있는 철장이나 울타리 안에 넣고 사람도 잠에 든다.

만일 생후 7~10주 정도 되는 새끼 강아지를 데리고 있다면 알람을 맞춰 놓고 새벽에 한 번 깨서 강아지가 볼일을 보게 한다. 혹시라도 강아지가 밤새 참다가 철장 안에 볼일을 볼 수 있기 때문이다. 철장이 더 이상 안전지대로서의 역할을 하지 못하면 배변 교육은 어려워진다.

가족 가운데 늦게 자거나 일찍 일어나는 사람이 있다면 각각 시간을 정해서 이 일을 맡는다. 그러면 새벽에 깨지 않아도 된다. 확실한 것은 없다. 강아지가 얼마나 오래 참을 수 있는지 알아야 한다.

장시간 집을 비울 때 대소변 가리기

🐾 큰 펜스나 작은 방을 이용한다

강아지가 대소변을 참을 수 있는 시간보다 오래 집을 비워야 한다면 강아지를 작은 철장에 남겨두면 안 된다. 자기가 본 대소변 위에 앉아 있게 만들어서는 안 된다. 나쁜 습관을 들일 수도 있지만 이는 강아지에게 부당한 처사기도 하다. 개를 혼자 두고 장시간 외출해야 한다면 개를 산책시키는 도그워커dog walker 등 반려동물 도우미를 고용한다.

아니라면 장시간 가둬 놓을 수 있는 구역을 따로 만들어 준다. 가능하다면 큰 철장을 사용한다. 아니면 작은 방에 한쪽에는 문이 열린 철장을 두고 반대쪽에 배변 패드나 신문지를 깔아 놓는다. 강아지는 잠자리에서 최대한 먼 곳에서 볼일을 보고 싶어 한다.

강아지가 철장 안에서 대소변을 봐서 난감하다면 이런 방법을 써보는 것도 괜찮다. 철장 안에서 밥을 먹게 해보는 것이다. 철장 안에서 밥을 먹게 되면 그곳이 보금자리처럼 인식되어서 개는 자신이 자거나 먹는 곳에서 소변을 보려 하지 않는다.

강아지에게 어디가 화장실인지 가르치는 일은 반려인의 책임이다. 강아지가 아무데서나 내키는 대로 볼일을 보지 않게 제대로 교육하지 않으면 입양이 어렵거나 파양되는 일이 발생할 수 있다. 그러므로 배변 교육은 체계적이고 집중적으로 한다. 그래야 어려운 시기를 빠르게 통과하고, 강아지와 행복한 시간을 더 많이 가질 수 있다.

내게 생후 5개월이 넘은 강아지의 배변 교육을 의뢰하는 분들이 있다. 그들이 배변 교육에 실패한 이유는 강아지의 문제가 아니다. 실패 이유는 둘 중 하나다. 사람이 배변 교육 방법을 모르거나 알지만 귀찮아서 방법대로 하지 않은 것이다.

핵심 포인트

- 강아지 시기에 가장 중요한 것은 사회화다.
- 가장 중요한 사회화의 대상은 사람, 개, 환경이다.
- 개가 불편해하는 부정적인 사회화는 피한다.
- 배변 교육을 할 때 가장 중요한 것은 강아지에게서 잠시도 눈을 떼지 않는 것과 작은 장소에 넣어두는 것이다.

6장
보호소의 개
입양 보낼 준비하기

유기견은 건강과 행동에 문제가 있을 거라는 오해

동물구조 활동을 오래 해왔고, 비영리단체인 동물구조재단을 운영하면서 나는 사람들이 말하는 '순종'이라는 개념이 얼마나 허황된 것인지 알았다. 가정에서 교배해서 강아지를 판매하는 번식업자나 펫숍에서 개를 '사는 것'과 보호소에서 개를 '입양하는 것'은 전혀 다르다. 보호소에는 너무나도 훌륭한, 수많은 개가 삶을 이어갈 기회를 줄 사람을 하염없이 기다리고 있는데 안타깝게도 많은 사람들은 펫숍에서 산 '순종'과 구조한 유기견은 다르다는 왜곡된 개념을 갖고 있다.

사람들은 펫숍에서 산 개가 더 건강하고 행동문제도 적기 때문에 순종을 원한다고 말한다.

하지만 진실은 다르다. 순종, 품종이 있는 개는 유전자 풀gene pool(생물집단 속에 있는 유전정보의 총량. 같은 종 내의 반복된 교배는 유전자의 다양성 확보를 어렵게 해서 유전되는 병의 확률을 높인다_편집자 주)이 너무 좁아서 잡종 개보다 더 많은 건강 문제를 안고 있다. 품종견은 품종 내의 건강 문제인 유전적 장애를 갖고 있을 가능성이 높다.

흔히 유기견은 신체적·행동적 문제가 있어 버림받았다고 생각한다. 하지만 버려진 개들은 책임감 없는 반려인을 만난 불운이 있었을 뿐 대부분 건강과 행동에 아무 문제가 없다. 최근에 동물보호단체 베스트 프렌즈 애니멀 소사이어티the Best Friends Animal Society가 뉴욕 시에서 해마다 개최하는 입양 행사에 참여했다. 이날 행사에는 백여 마리의 개와 고양이가 가족을 찾기 위해 나왔다. 행사의 규모도 놀랍지만 더욱 놀라운 것은 행사에 참여한 많은 동물이 모두 아무런 문제도 없는 훌륭한 아이들이었다는 것이다.

유기동물 보호소와 동물구조단체의 문제

유기동물 보호소는 개인이 운영하는 사설 보호소도 있지만 주로 관할 지자체의 감독을 받는다. 그런데 지자체가 관리, 감독하는 보호소는 함께 일하기 까다로울 수 있다. 보호소에 발 한 번 디뎌 보지 않았을 공무원들이 모든 중요한 결정을 내리기 때문이다. 책임자들은 동물을 고려하지 않고, 개인적 이해에 따라 행동한다. 예를 들어 정치인은 대부분 보호소에 예산을 굉장히 적게 배정하는데, 그마저도 예산을 감축해야 할 때면 동물 보호소가 가장 먼저 재정 압박의 영향을 받는다.

게다가 지시에 무조건 따르라는 식의 명령은 협력해서 함께 일하기 어렵게 만든다. 많은 보호소에서 지방정부가 고용, 감독하는 보호소 직원과 자원봉사자 사이에 충돌이 일어난다. 물론 모든 보호소가 그런 것은 아니고, 이런 문제가 없는 곳도 있지만 불행하게도 문제가 없는 보호소는 드물다.

반면 구조단체는 구조하고 돌보는 동물에 대해 헌신하는 사람들이 운영한다. 모든 사람이 비슷한 이유로 일을 하는 곳이라서 협력이 잘 이루어지기 때문에 지자체 관할 보호소에서 발생하는 것과 같은 종류의 충돌은 드물다.

하지만 구조단체에도 문제는 있다. 개를 살리려는 열정을 지닌 사람들로 구성되었지만 비영리단체를 운영하는 데 필요한 조직적, 경영적 기술이 부족하다 보니 충돌이 발생하기도 한다. 이 책의 후반부에서 다룰 내용이 이들에게 도움이 되기를 바란다.

개를 입양하기 위해
보호소에 온 사람들이 놀라는 이유

지자체 관할 보호소든 구조단체가 운영하는 보호소든, 시설에 수용된 개의 상태는 어느 곳이든 비슷하다. 하루에 고작 한두 번, 특별한 경우 세 번 정도 견사 밖으로 잠깐 나올 것이다. 때문에 개들은 뭐라도 경험할 수 있는 기회 자체가 드물고, 내부에 가득 찬 에너지를 제대로 발산하지 못한다.

개를 입양하기 위해 보호소를 방문한 사람들의 눈에 개들의 상태가 집으로 데려가기에 적절해 보이지 않는 이유가 바로 여기에 있다. 몇 시간, 며칠, 몇 주, 몇 달, 심지어 몇 년 동안 갇힌 상태에 있었으니 예상 가능한 일이 벌어진다. 견사의 문이 열리고 밖으로 나온 개들이 이성을 잃고 흥분해서 날뛰면 사람들이

놀라게 된다. 보호소의 개들이 더 많이 입양되지 못하는 이유가 바로 이것이다. 그나마 구조단체는 임보 가정에 개를 맡기기도 해서 보호소에 갇힌 개보다 운동도 더 많이 하고 매일 더 많은 자극을 경험하기 때문에 입양률이 더 높다. 사람과의 생활에 익숙하고 지켜야 할 규칙도 잘 받아들이기 때문이다.

보호소 개에게 입양자를 만날 준비시키기

🐾 미숙한 봉사자가 정보도 없이 개에게 다가가서는 안 된다

보호소 개의 교육을 시작하기 전에 먼저 개에 대한 모든 정보를 수집한다. 보호소에 오기까지의 개에 대해, 보호소에 입소한 뒤로 개가 지금까지 겪은 일과 행동 등에 대한 모든 것을 알아낸다. 개에 대해서 아무것도 모른 채 산책을 나갔다가 개가 미친 듯이 짖는다는 사실을 발견하는 일이 일어나서는 안 되기 때문이다.

이전에 만났던 개라면 마지막으로 만난 이후 어떤 변화가 있었는지 점검한다. 이 장의 마지막 부분에서 자원봉사자들과의 의사소통에 대해 다룰 텐데 가능하다면 자원봉사자들이 서로 메모를 남기는 공간이 있으면 좋다. 오늘 개가 어떤 것을 경험했고, 어떤 일이 있었는지 다음 봉사자에게 알려주는 것이 바람직하다. 기본적인 준비가 잘 되어 있을수록 개와 함께 더 좋은 경험을 할 수 있다.

봉사자 스스로 자신이 심리적·신체적으로 준비가 되어 있지 않다고 느껴지거나 특정 개에게 불안한 느낌을 받았다면 절대 개에게 다가가서는 안 된다. 불안함을 보이거나 개를 미숙하게 대하다가 개가 누군가를 물기라도 하면 그 개의 미래를 위험에 빠뜨리는 일이 된다.

🐾 개가 진정된 다음 견사에서 꺼내기

삶의 대부분을 견사에 갇혀 생활한 개가 쉽게 흥분하고 때로는 바람직하지 않은 행동을 하는 것은 당연하다. 그 사실을 인정하고 받아들이는 마음가짐이 필요하다.

보호소의 구조가 복도를 따라 견사가 늘어선 전형적인 형태라면 이곳의 개들은 사람이 나타나기만 하면 미친 듯이 날뛸 것이다. 짖는 개, 점프하는 개, 빙글빙글 도는 개가 있을 것이고, 이 모든 것이 한데 어우러져 종종 혼돈의 도가니가 된다. 이런 부담스러운 환경임에도 엄청난 노력 끝에 비교적 조용한 견사 환경에 성공한 몇몇 보호소를 본 적이 있다. 짖지 않는 행동에 보상함으로써 지속적으로 조건형성을 한 결과였다. 하지만 이런 보호소는 극히 드물다.

보호소에 몸담고 있다면 언제나 시간에 쫓길 수밖에 없지만 조금이라도 시간이 난다면 견사 앞에서 개와 놀아 주다가 개가 진정된 다음 꺼내 주는 것이 좋다. 물론 이러려면 시간이 걸리기 때문에 바쁜 보호소 관리자들이 이런 방법을 사용하기에는 현실적으로 불가능에 가깝다.

🐾 보호소에서는 목줄, 가슴 줄보다 슬립리드 줄이 유용하다

개를 다룰 때는, 적어도 견사 밖으로 꺼낼 때만이라도 슬립리드slip lead(목줄 또는 가슴 줄을 리드 줄에 연결하는 일반 개줄과 달리 목줄과 리드 줄이 하나로 연결되어 있다_편집자 주) 줄을 사용하는 것이 바람직하다. 슬립리드 줄이 생소한 사람을 위해 설명하자면 도그쇼에서 사용하는 것처럼 리드 줄과 목줄의 역할을 동시에 하는 도구다. 슬립리드 줄은 사용방법이 간단하다는 장점이 있다. 개의 머리를 통과시키면 줄 끝이 팽팽해져 저절로 개의 목을 고정시킬 수 있다. 따라서 슬립리드 줄은 매우 빠르고 쉽게 개에게 줄을 채울 수 있다.

혼란스러운 보호소의 환경에서는 목줄이나 가슴 줄에 리드 줄을 연결하는 데 시간을 많이 소비하게 되는데 그걸 방지할 수 있다. 순식간에 산책 갈 준비를 마치게 된다. 또한 사람이 목 부분에 손을 대는 것을 싫어하는 개에게도 유용하다. 실제로 목줄에 리드 줄을 연결하려다 개에게 물린 사람들이 있다.

🐾 슬립리드 줄이 시간을 줄이고 무는 사고를 예방한다

먼저 슬립리드 줄을 채워서 개를 견사에서 꺼내 보호소의 정신 없는 환경으로부터 일정 정도 멀어지면 슬립리드 줄을 풀고 목줄이나 가슴 줄로 바꿀 수 있다. 또한 슬립리드 줄은 개가 스스로 빠져나오기가 거의 불가능하므로 목줄이나 가슴 줄을 스스로 벗는 개라면 바꾸지 않고 계속 사용해도 된다.

견사에서 개를 어떻게 꺼내느냐의 문제는 전적으로 개에게 달려 있다. 개가 지나치게 흥분하지 않는다면 사람이 견사에 들어간 다음 문을 닫고 리드 줄을 채운다. 하지만 에너지가 넘치는 개라면 문을 열자마자 튀어나갈 수 있다. 에너지가 넘치거나 혹은 불안감을 느끼는 개의 경우는 슬립리드 줄을 준비한 상태에서 개가 고개를 내밀 정도만 문을 열어 개가 머리를 내미는 순간 바로 슬립리드 줄을 채우는 것이 바람직하다.

🐾 최소 10~15분의 산책을 통해 에너지를 소모하게 둔다

보호소는 개를 교육하기에 적당한 곳이 아니다. 가능한 한 빨리 건물 밖으로 데리고 나가서 산책을 하며 보호소 생활을 떨쳐 내도록 잠시 시간을 준다. 견사 밖으로 나오는 일이 드물기 때문에 냄새를 맡고 사람을 잡아 끄는 등 두 살짜리 아이처럼 주변의 모든 것에 호기심을 보이고 주의가 산만해질 것이다.

교육의 시작은 산책으로 하는 것이 좋다. 산책은 길수록 좋지만 시간이 무한정 허락되지 않으므로 최소 10~15분 정도 한다. 처음에는 개가 극도로 흥분해서 줄을 마구 잡아 끌겠지만 걱정할 필요는 없다. 개가 사람을 잡아 끌도록 어느 정도 내버려두면서 에너지를 소모하게 둔다.

그렇게 5~10분 정도 개가 마음껏 에너지를 발산한 다음에는 개에게 좀 더 많은 것을 요구해야 한다. 주변의 모든 것에 정신이 팔린 상태에서 벗어나 사람과 '함께' 산책하는 것으로 모드를 바꾸어야 한다. 개가 슬립리드 줄을 한 채 예의 바르게 산책하게 만드는 방법은 다양하다. 목줄을 당기는 개와 좋은 산책을 하는 구체적인 방법은 다음과 같다.

목줄을 당기는 개와 산책하는 방법

개는 인간과 함께 걷도록 진화하지 않았다. 인간의 방식으로 걷는 것은 개에게 매우 부자연스러운 일이다.

개는 인간과 걸으면서 '젠장 왜 달리지 않고 걷는 거야?'라고 생각할 것이다. 개에게 인간의 걷는 속도는 너무 느리다. 또 '이런 멋진 냄새들이 가득한데 왜 직선으로만 걷는 거야?'라고 생각할 것이다. 인간은 개가 얼마나 엄청난 후각을 갖고 있는지 잊어서는 안 된다. '개 코' 아닌가. 개가 산책하면서 수많은 냄새를 맡는 것은 인간이 길을 가다가 10억짜리 수표를 발견하는 것처럼 흥분되는 일이라고 하면 이해가 될까.

그럼에도 이렇게 다른 인간과 개가 함께 걷는 게 가능한 이유는 개는 교육이 가능한 동물이기 때문이다. 얼마나 멋진 일인가. 물론 거저 되는 일은 없다. 교육에 시간과 노력을 투자해야 한다.

▨ 멈추기

목줄을 당기는 개를 교육하는 가장 쉬운 방법이다. 리드 줄이 팽팽해지면 바로 멈춘다. 그 상태에서 앞으로 향하던 개가 멈추거나 줄이 느슨해지면 다시 앞으로 이동한다. 누구나 할 수 있는 가장 쉬운 함께 걷는 방법이지만 개가 이 상황이 무슨 의미인지 알아차릴 때까지 시간이 걸릴 수 있다. 특히 어리고 에너지가 넘치는 개들은 무슨 의미인지 이해하지 못할 수도 있다.

▨ 목줄을 잡아당겼다가 즉시 놓는다

개가 앞에서 당겨서 목줄에 긴장감이 느껴질 때면 목줄을 부드러우면서도 단호하게 잡아당겼다가 즉시 놓는다. 앞 방향으로 향했던 개를 멈춰 서게 하는 방법이다. 중요한 것은 단호하게 당겼다가 즉시 풀어주는 것이다. 개가 이해할 때까지 인내심과 끈기를 갖고 시도한다.

▨ 방향 바꾸기

개가 앞서 가면서 목줄을 당기는 즉시 사람이 몸을 180도 돌려서 반대 방향으로 간다. 가면서 개의 목줄을 당긴다. 개가 사람을 쫓아서 반대 방향으로 걷기는 하지만 또 앞서 목줄을 당기면 같은 방법으로 180도 돌아서 걷는다.

나는 이 방법을 '스위치백switch back'이라고 부른다. 개는 '이 인간이 도대체 왜 이러는 거야?' 생각하면서 사람을 쳐다보기 시작할 것이다. 인간이 다시 또 어느 쪽으로 방향을 변경할지 기다리는 행동이다. 개가 산책 중에 사람을 쳐다보기 시작했다면 더 이상은 사람을 끌고 다니지 않을 것이다.

변형된 방법도 있다. 개가 앞서 나가면서 목줄을 당기면 개의 이름을 부른 뒤 돌아오면 간식을 주는 방법이다. 손에 개가 좋아하는 간식을 들고 있다가 가까이 왔을 때 간식을 준다.

이런 방법을 지속하다 보면 개는 목줄에 긴장이 생겼을 때 돌아오면 간식을 먹을 수 있음을 알게 된다.

▨ 5미터마다 앉기

개가 산책하는 동안 산만하지 않기를 원한다면 이 방법도 유용하다. 산책을 하면서 5~6미터마다 개와 함께 앉는 것이다. 먼저 사람이 앉고 개가 따라서 앉으면 간식으로 보상한다. 굉장히 쉽다. 몇 미터마다 앉을지는 각자 정한다. 오래 걷다가 앉을 만한 곳이 있으면 거기에 앉아도 된다. 이 방법은 개가 앉기를 기대하면서 사람을 쳐다보게 하는 효과가 있다.

▨ 사람을 쳐다보게 하는 교육

일정한 소리가 날 때 개가 반려인을 쳐다보게 하는 교육은 안전한 산책을 위해서 필요하다. 사람을 쳐다보는 동안에는 새를 쫓는 등 산만하게 굴거나 목줄을 당겨 앞으로 나아갈 수 없기 때문이다.

반려인을 쳐다보는 교육은 집에서 하는 게 좋다. 이 교육을 위해서는 관심을 끌기 위한 소리 신호가 필요한데 그건 각자 정하면 된다. "여기 봐!", "여기!" 등 아무것이나 된다.

집에서 조용히 있다가 "여기 봐!", "여기!" 등의 소리를 냈을 때 개가 쳐다보면 바로 간식을 준다. 그런 다음 개가 다른 곳으로 주위를 돌리고 있을 때 또 같은 소리를 내고 쳐다보면 간식을 준다. 반복되면 그 소리에 쳐다보면 간식을 먹게 된다는 걸 알게 된다.

▨ 앞 고리 가슴줄 등 보조 기구

개가 미친 듯이 당겨서 산책이 너무 어렵다면 보조 기구의 도움을 받을 수도 있다. 그러나 도구에 너무 의존해서는 안 된다. 도구에만 의존하는 사람들을 너무 많이 봐왔기 때문이다. 목표는 개와 협력해서 함께 잘 산책하는 것이지 도구 자체가 아니다.

추천하는 것은 앞쪽에 고리가 있는 앞 고리 가슴줄front-attaching harness이다. 기존의 가슴 줄은 리드 줄과 연결되는 고리가 뒤쪽(등쪽)에 있는데 이건 앞쪽(가슴 쪽)에 있다.

앞 고리 가슴줄이 좋은 이유는 개가 스스로 교정을 할 수 있다는 것이다. 고리가 가슴 앞쪽에 있기 때문에 개가 앞서 나가면서 줄을 당기면 스스로 반대로 방향을 틀게 된다. 사람은 그저 줄을 잡고 개가 당길 때까지 기다리면 된다.

이외에도 도움이 되는 다양한 도구들이 있지만 각자 우리 개에게 딱 맞는 것을 찾는 데는 시간이 좀 걸릴 것이다.

리드 줄을 하고 편안하게 걷는 것이 산책의 궁극적 목표다

일부 개 훈련사는 산책할 때 개가 항상 옆에 있거나 왼쪽에 있어야 한다고 주장한다. 동의하지 않는다. 사람과 함께 편하게 걷는다면 개가 사람의 뒤에 있거나 앞에 있거나 옆에 있거나 중요하지 않다.

항상 사람 옆에서 걷도록 "옆에!" 명령을 가르치는 것이 중요하다는 사람도 있지만 그것에도 동의하지 않는다. 개는 접착제처럼 사람 옆에 붙어서 걷는 로봇이 아니다. 그건 개를 개답게 키우는 것이 아니다.

개는 개처럼 세상의 냄새를 맡으면서 행복하게 산책을 즐겨야 한다. 사람의 옆에서 걷는 게 아니라 리드 줄을 편안하게 하고 걸을 수 있으면 된다.

리드 줄을 하고 편안하게 걷는 것이 산책의 궁극적 목표다. 리드 줄에 긴장감이 있다면 개가 긴장하고 있다는 의미기 때문이다.

시간과 노력을 투자해서 더 행복하고, 더 많은 산책을 개와 함께 즐길 수 있기를 바란다.

🐾 놀이 중에도 사람과 눈 맞추기 등 가벼운 교육을 한다

산책을 나가서 개와 하는 놀이 중에도 교육이 될 만한 요소를 가미해야 한다. 단순한 것이어도 좋다. 예를 들어 물어오기 놀이를 한다면 물어올 때마다 다시 던져주기 전에 사람과 눈을 마주치거나 앉는 교육을 한다. 대단한 교육을 할 필요는 없다. 개가 규칙적으로 사람과 교류하는 습관을 익히는 것이면 된다. 이런 일상적인 놀이 겸 교육은 입양하러 온 사람과 교류하고 유대관계를 맺는 데 도움이 된다. 언제나 인간에게 최고의 가족이자 친구가 될 준비를 하고 있어야 한다.

🐾 산책 후에 체계적인 교육을 한다

개에게 산책의 목적이 에너지를 발산하고 보호소의 환경에서 잠시나마 벗어나는 기회라면, 봉사자의 목적은 개를 관찰하고 개에 대해 알아가며 유대관계를 구축하는 것이다. 어떤 개를 다루든, 그 개를 이미 알고 있고 과거에 다룬 적이 있다 해도 언제나 교육은 산책으로 시작하는 것이 좋다.

산책을 마친 다음에는 교육이나 놀이를 할 수 있다. 놀이는 체계적이어야 하며 궁극적으로는 교육이 될 수 있어야 한다는 것을 명심한다. 많은 봉사자가 전혀 체계적이지 않은 방식으로 그저 개와 놀아주거나 운동을 시키거나, 아니면 두 가지 일을 동시에 한다. 이는 아주 큰 실수다. 최종 목표는 개의 입양이라는 걸

잊지 말아야 한다.

운 좋게 울타리를 친 야외 공간을 마련해서 개가 뛰어놀 수 있는 환경을 만든 구조단체 몇 군데와 일을 해보았다. 자원봉사자들은 개를 견사에서 꺼내 울타리를 친 곳으로 데리고 가는 동안 아무 의미 없이 뛰어다니게 두었다. 물론 이렇게 하면 개는 에너지를 발산할 수 있다. 하지만 개가 입양되는 데에는 전혀 도움이 되지 않는다.

봉사자는 개의 단기적인 삶이 아니라 장기적인 삶이 나아지도록 돕는 데 초점을 맞춰야 한다. 개들을 보호소에 머물게 하는 것이 아닌 '집'으로 입양 보내는 것이 목표가 되어야 한다.

🐾 입양하러 온 사람에게 집중해야 입양 확률이 높다

견사에서 나와 제멋대로 뛰어다니게 두면 개는 바르게 행동하는 법을 배울 수 없다. 오히려 그래도 된다고 허락을 받는 셈이다. 입양을 하러 온 사람의 눈에 이런 모습은 좋게 보이지 않는다. 누군가 입양을 염두에 두고 자신을 보러 왔을 때도 그 개는 반복에 의해 학습된 행동, 즉 견사 밖으로 나와 미친 듯이 날뛰는 행동을 할 것이다. 경중거리며 뛰는 행동을 하면서 자신을 보러 온 사람들에게는 일말의 관심도 주지 않을 것이다.

물론 보호소의 개에게 에너지를 발산할 생산적인 출구를 제공하는 것은 대단한 일이다. 하지만 아무런 체계도 없이 그저 뛰어다니고 놀게 하는 것은 도움이 되지 않는다.

그렇기 때문에 먼저 산책을 하라고 말하는 것이다. 에너지를 맘껏 발산한 다음에 놀이를 하되 놀이는 체계적이어야 한다. 이때 목표는 개가 자신을 보러 온 사람에게 집중하고, 사람이 내리는 지시에 집중하게 만드는 일이다. 사람들이 개를 입양하려면 개와 교류해야 하고, 그러려면 개가 사람들에게 관심을 보여야 하므로 이는 매우 중요하다.

장벽 공격성을 보이는 보호소의 개들

🐾 엄청나게 쌓인 에너지를 해소할 출구가 없어서 보이는 현상

거의 모든 보호소에서 목격되는 것이 바로 장벽 공격성이다. 장벽 공격성은 울타리나 문으로 분리된 개들이 서로를 향해 공격적으로 행동하는 것을 말한다. 이럴 때 개들은 으르렁거리고 짖으며 다른 개와의 사이에 있는 것은 뭐든 발로 긁고 물어뜯는다. 이럴 때는 마치 상대를 물어 죽이려는 것처럼 보인다. 하지만 이 안쓰러운 개들이 그렇게 행동하는 이유는 엄청나게 쌓여 있는 에너지를 적절하게 해소할 출구가 없는 현실 때문이다.

처음에는 좌절감 때문에 이런 반응을 보이지만 계속해서 반복하다 보면 하나의 행동 패턴이 형성된다. 즉, 어떤 날 이렇게

반응하고 나면 하나의 패턴이 되어 그다음 날 또다시 같은 식으로 반응하게 될 가능성이 높아진다. 같은 식으로 반응하게 될 가능성이 점점 높아지는 것이다.

🐾 장벽 공격성을 보이는 개는 입양되면 대부분 평범한 개로 돌아간다

이렇게 되면 이 불쌍한 개들은 곧 공격적인 개라는 꼬리표를 달게 되어 입양될 가능성이 점점 더 줄어든다. 하지만 사실 장벽 공격성이 있는 개들은 대부분 실제로 공격적이지 않다. 사람이 잘 돌봐 주고 교육을 시키면 정상적이고 사회성 높은 개로 돌아간다.

공격적인 개라는 꼬리표를 달았지만 보호소 환경에서 벗어난 후에 다른 개들과 행복하게 잘 사는 개들을 많이 보았다. 보호소에서 나쁜 습관과 행동을 배워 더 이상 다른 개들과 자유롭게 교류할 수 없을 정도로 위험하게 변한 개가 아예 없는 것은 아니지만 대부분의 개들은 재활할 수 있다.

장벽 공격성은 보호소 같은 환경에서 일상적으로 일어난다. 이것이 가정 위탁 임보 프로그램이 꼭 필요한 이유기도 하다. 보호소에서 살아가는 동안 개는 입양될 가능성이 매일 조금씩 줄어들기 때문이다.

보호소 개를 위한 행동 풍부화

🐾 보호소의 따분한 생활은 개의 정신 건강을 해친다

보호소 개로 살아간다는 것은 정말 비참한 일이다. 보호소의 불쌍한 개들은 삶의 대부분을 외부인이나 다른 개들과의 접촉이 극히 적거나 아예 없는 상태로 작은 우리에 갇힌 채 보낸다. 형언할 수 없을 정도로 따분한 것은 물론 개의 정신 건강에도 매우 해롭다.

보호소에 있는 동안 개는 매일 조금씩 자신의 본 모습을 잃어간다. 평범한 개도 보호소에 입소하면 시간이 지남에 따라 다양한 형태로 상태가 악화된다.

전형적인 보호소의 삶은 형편없는 단순한 경험으로 이뤄지고, 개는 그곳에서 그저 존재하기만 한다. 즉, 생활이 아닌 생존에만 머무는 상태다.

하지만 우리는 그들에게 더 많은 것을 제공할 수 있다. 개에게 자극을 줄 만한 일을 제공함으로써 보호소에 수용된 개의 삶의 질을 개선할 수 있고 방법은 다양하다. 그 가운데는 시간과 인력을 더 필요로 하는 것도 있지만 원래 하던 일을 통해서 간접적으로 할 수 있는 일도 있다.

🐾 식사 시간을 행동 풍부화 활동으로 활용한다

보호소의 개는 평균적으로 하루 두 번 밥을 먹는다. 개가 하는 활동의 전부가 두 번의 먹는 일인 경우도 종종 있다. 그렇다면 그 시간을 정신적·신체적으로 자극을 줄 기회로 삼아야 한다. 더 재미있고 신나며 유용한 것으로 만들어야 한다.

견사 안에 밥이 담긴 그릇을 넣어주고 개가 그냥 먹어치우게 두지 말고 음식을 먹기 어렵게 만들어 한 시간 정도 개가 집중할 일을 만든다. 그릇이 아니라 콩 장난감(씹고 노는 개들의 본능에 맞춰 개발된 콩kong 사의 장난감으로 행동학 장난감이라고도 불린다._편집자 주) 같은 장난감을 이용할 수 있다. 오뚝이 모양의 콩 장난감의 안쪽에 개가 좋아하는 먹을 것을 넣고 개에게 주면 개가 긴 시간 동안 신나게 놀 수 있는 최고의 친구가 된다.

건식 사료, 건식 사료와 습식 사료를 섞은 것, 건식 사료와 땅

콩버터를 섞은 것 등으로 콩 장난감의 내부를 채운 다음 준다. 바로 주지 않을 거라면 간식이 들어간 콩 장난감을 냉동한다. 보통 개가 한 개의 콩 장난감을 갖고 놀면서 안에 있는 음식을 다 먹어치우는 데는 20~30분이 걸리고, 크기에 따라 다르겠지만 2~3개 정도면 한 시간 이상 밥을 먹으면서 재미도 느끼고 운동도 할 수 있다. 하루에 한 개만 줘도 개는 하루 종일 심심할 틈이 없을 것이다. 콩 장난감은 내구성이 강해 한 번 장만하면 아주 오래 사용할 수 있다.

콩 장난감 외에도 음식을 이용한 다양한 장난감이 다수 시판되고 있다. 구조단체에서 돌보는 개를 위한 일이므로 기꺼이 큰 폭으로 할인된 가격에 제품을 공급하겠다고 한 회사들이 많아서 도움을 받기도 했다. 독자들도 각 나라의 사정에 맞게 도움을 줄 수 있는 개 장난감 회사에 연락해 보기를 바란다.

🐾 콩 장난감, 사료 찾아 먹기, 아이스캔디 등 필요한 건 상상력이다!

울타리가 있는 안전한 공간이 있다면 시도해 볼 수 있는 방법이 또 있다. 바닥에 건식 사료를 뿌려주고 개가 후각을 이용해 음식을 찾아내 먹게 하는 방법이다. 잔디가 깔려 있다면 사료를 찾기가 더 어렵고 시간이 오래 걸릴 것이므로 더할 나위 없이 좋다. 시중에 나와 있는 노즈워크 장난감도 좋지만 돈이 많이 든다.

또한 많은 보호소에서 여름이면 개에게 커다란 아이스캔디를 만들어 준다. 양동이에 물과 음식 조각, 닭 육수같이 맛있는 향이 나는 재료를 가득 채운 다음 그대로 얼린다. 완전히 언 상태로 양동이에서 빼내면 맛있고 재미난 얼음 덩어리가 탄생한다. 얼릴 때 양동이에 줄을 넣고 한쪽 끝을 밖으로 내놓으면 견사 문에 매달아 놓을 수도 있다. 견사의 개들이 무척 좋아할 것이다.

이런 놀이를 제공하는 데 필요한 것은 상상력뿐이다.

조직화된 봉사자는 보호소의 큰 재산이다

🐾 봉사자들은 점처럼 존재해서는 안 되고 유기체처럼 움직여야 한다

동물구조단체와 보호소에서 목격하는 가장 큰 문제점 중 하나는 자원봉사자를 제대로 조직하지 못하는 것이다. 모든 비영리단체에서 가장 일을 많이 하고 큰 결과를 만들어 내는 사람이 바로 자원봉사자다. 제대로 관리하고 협력을 이끌어 낸다면 이들은 최고의 자산이 된다.

자원봉사자는 대부분 좋은 뜻과 열정을 지닌 사람들이지만 조직을 관리해 본 경험이 없는 사람들이다. 때문에 봉사자를 제

대로 또는 전혀 관리하지 못해 조직이 와해되거나 분열되는 경우가 있다.

봉사자가 각자에게 동기를 부여하면서 협력할 수 있는 핵심은 바로 소통이다.

봉사자들끼리의 열린 소통은 물론, 조직을 이끌어 가는 대표, 운영진과 봉사자 사이에 소통이 잘 되어야 한다. 봉사자는 각기 다른 시간에 활동하고 주로 다른 임무를 수행한다. 따라서 체계가 명확하게 잡히지 않으면 조직은 혼란에 빠진다. 누구도 자신이 무엇을 해야 할지, 다른 사람은 뭘 하고 있는지 모르기 때문이다.

가장 필요한 것은 전체 그룹의 관리를 책임질 사람이다. 보통한 명이 맡지만 조직의 규모가 크다면 그 이상이 될 수도 있다. 책임자는 조직을 구성하고 임무를 위임하며 모든 사람을 집결시켜 봉사자들이 수많은 점처럼 흩어진 존재가 아니라 한몸처럼 유기적으로 기능하게 만들어야 한다.

🐾 봉사자를 이끌 적임자를 임명해야 한다

나는 동물보호단체 베스트 프렌즈 애니멀 소사이어티와 많은 일을 함께했다. 그럴 때마다 미국 전역에 걸친 거대한 행사를 수백 명의 자원봉사자를 활용해서 성공적으로 개최하는 모습에 놀라고 감동받았다.

이 단체는 사업체처럼 조직을 운영한다. 그리고 중요한 위치에 봉사자들을 담당할 사람을 배치해서 효율적으로 관리하고, 봉사자와 매우 명확하게 소통할 통로를 갖춘다.

베스트 프렌즈만큼 규모가 크지 않고 기금이 잘 조성되지 않았다 하더라도 벤치마킹할 수 있다. 봉사자들을 잘 이끌 적절한 사람을 임명하는 것이 중요하다. 경영이나 관리에 경험이 있는 사람이면 좋다. 봉사자들에게는 책임자가 누구인지 명확히 전달해야 자기가 무슨 일을 해야 하는지 알 수 있다. 그래야 다른 시간에 다른 사람이 와도 같은 일을 같은 방식으로 할 수 있다. 일관성이 중요하다.

🐾 봉사자를 주먹구구식으로 활용해서는 안 된다

봉사자들끼리 소통하면 모든 사람이 조직에서 벌어지고 있는 일을 알 수 있다. 특히 견사를 관리할 때는 어떤 개가 산책을 나갔고, 마지막으로 그 개를 다룬 자원봉사자가 무슨 교육을 했는지, 언제 다녀갔는지를 알아야 한다. 어떤 개가 심하게 짖는지 등 개에 대한 정보도 전달되어야 한다.

각 견사 옆에 클립보드나 화이트보드를 달아 정보를 공유하거나 스마트폰을 이용해 온라인 네트워크로 봉사자들이 실시간으로 견사의 모든 개에게 일어나고 있는 일을 확인할 수도 있다.

내가 운영하는 구조단체는 페이스북 페이지를 통해 개들의 상황과 조직에서 일어나는 일에 대해 모든 사람이 속속들이 알 수 있다. 봉사자들은 전체가 한자리에 모이는 것이 어려워서 이런 방법이 유용하다. 서로에 대해 알게 되고, 조언도 하고, 언제 도움이 필요한지도 알 수 있다.

중요한 것은 단순히 많은 자원봉사자를 모아서 주먹구구식으로 일을 해서는 안 된다는 것이다. 체계적으로 조직을 만들어야 봉사자들이 지닌 놀라운 잠재력을 활용할 수 있다.

핵심 포인트

- 보호소의 개를 만나기 전에 개에 대한 정보를 최대한 입수한다.
- 어떻게 하면 입양이 잘 되는 개로 만들 수 있을지를 생각하면서 개와 시간을 보낸다.
- 콩 장난감 등을 이용하여 식사 시간을 행동 풍부화의 시간으로 만든다.
- 단체 활동가와 봉사자 등 개를 돌보는 일에 참여하는 모든 사람들의 원활한 의사소통이 중요하다.

7장

임보 가정에서
해야 할 일

입양 성공을 위한 굉장히 중요한 과정, 임보

가정 위탁 프로그램인 임보는 개를 비참한 삶에서 구해 내고 새로운 가족을 찾도록 돕는 최고의 방법이다.

개가 가정에 입양될 경우 생길 문제를 임보 기간 동안 미리 알아내고, 보호소에서 볼 수 없었던 개의 진짜 행동을 파악할 수 있다. 보호소의 환경 때문에 어떤 행동은 억제되어 겉으로 드러나지 않지만 가정이라는 안정된 환경에서는 드러나지 않았던 행동이 나타날 수 있다.

구조단체든 보호소든 어디에서 활동을 하든 임보처를 찾는데 최선을 다 해야 한다. 물론 임보처를 구하는 게 쉽지 않다. 하지만 포기하기에는 임보는 개를 입양 보내는 데 너무나도 중요한 과정이다. 내가 운영하는 페른 도그 구조재단의 경우 구조한 개를 100% 임보 가정에 맡기고 있다. 임보 시스템의 엄청난 이점을 알게 되어서 임보 가정을 확보하기 위해 노력하는 과정에서 수많은 문제를 겪었고, 목격하면서 마침내 여기까지 오게 되었다.

임보 가정에서는 엄격한 규칙이 필요하다

🐾 많은 규칙을 엄격하게 적용한다

임보 가정은 개가 집을 찾을 때까지 단순히 머무르는 곳이 아니다. 개가 사람들과 행복하고 조화롭게 살아가는 법을 배우는 장소다. 배변 교육이 이미 되어 있고 행동에 문제가 없다면 개가 입양되는 데 큰 문제가 없을 것이다. 하지만 많은 개가 입양 후 예측하지 못했던 행동문제 때문에 파양되는 경우가 많다. 그렇기 때문에 입양처를 찾기 전에 문제가 있으면 임보 기간에 반드시 개선해야 한다.

개에게 지속적인 학습 경험을 제공해서 체계 잡힌 일상적인 삶에 적응하도록 만들어 줄 수 있는 곳이 좋은 임보 가정이다. 그래야만 개가 임보 가정에서 입양된 집으로 갔을 때 쉽게 적응할 수 있다.

모든 임보 가정의 사람들은 언제나 큰 그림과 최종 목표를 명심해야 한다. 최종 목표는 개에게 평생을 함께할 가족을 찾아주는 것이다. 그러려면 개에게 많은 규칙을 적용해야 하고, 이미 반려하고 있는 개에게 적용하는 규칙보다 더 엄격해야 한다.

🐾 자유는 주기는 쉽지만 뺏기는 어렵다

개를 입양하는 사람이 개에게 어떤 규칙을 적용할지 알 수 없다. 그렇기 때문에 임보 가정에서 많은 규칙을 적용해야 한다. 임보하는 사람이 개와 함께 침대에서 자는 것을 좋아한다고 해서 입양인이 그러리라는 법은 없다. 만일 임보하는 사람이 침대, 이불에서 함께 자는 것을 허락했다면 개에게 이것은 고치기 힘든 습관이 될 수 있다. 게다가 이 문제는 개를 파양할 정도로 종종 큰 문제가 되기도 한다.

내 반려견처럼 자유롭게 돌봐 주고 싶겠지만 임보 중인 개는 그러면 안 된다. 필요한 많은 규칙을 따르게 한다. 자유는 뺏는 것보다 주는 것이 훨씬 쉽다는 사실을 명심해야 한다. 마음을 굳게 먹고 임보 중인 개가 훗날 입양된 집에서 일으킬지도 모를 갈등을 유발하지 않도록 해야 한다.

임보 중에 명심해야 할 것 4가지

🐾 철장을 적절하게 이용한다

철장은 개가 말썽 부리는 것을 막고 배변 교육을 시키기에 좋은 이상적인 도구다. 물론 철장에 갇히면 난폭하게 반응하다가 다칠 가능성이 있는 개에게 적용해서는 안 된다. 임보 중인 개가 철장을 받아들인다면 격리해야 할 때, 혼자 둘 때 사용하고 임보를 시작한 처음에는 개가 잘 때 사용한다.

절대로 개를 벌 주기 위해서 사용해서는 안 된다. 철장은 개에게 근사한 일이 일어나는 멋진 장소여야 한다. 개가 자신의 철장을 좋아하고 기꺼이 그 안으로 들어가야 한다. 철장은 좋은 곳으로 생각할 수 있게 교육을 한다.

🐾 같은 이불, 침대에서 자는 건 임보자가 아니라 입양자가 결정해야 한다

개를 꼭 끌어안고 있으면 너무나도 행복하다. 하지만 중요한 것은 임보자가 아니라 개를 평생 책임질 입양자다. 개가 이불이나 침대, 소파에 올라오기를 원치 않는 입양자도 있다. 그래서

늘 누가 될지 모를 입양자의 입장에서 생각해야 한다.

일단 개가 사람의 침대 위에서 자는 데 익숙해지면 다른 곳, 덜 안락한 잠자리로 옮기는 일은 매우 어렵다. 그러니 정 개를 끌어안고 싶다면 바닥에서 한다. 개와 침대에서 같이 잘지 말지 는 입양자가 결정할 수 있도록 한다.

🐾 매일 산책시킨다

개를 산책시키는 일은 지금까지 누누이 말했지만 정말이지 너무나도 많은 득이 된다. 산책은 개와 유대를 맺고 자극을 제공하며 배변 교육을 할 수 있는 가장 훌륭한 방법이다. 개는 산책하는 동안 긍정적인 경험을 할 수 있고, 자신을 둘러싼 환경에 대해 받아들인다. 사회화를 하는 데도 도움이 된다. 구조된 개, 특히 보호소에 수용된 개의 큰 문제는 사회화의 결여다.

마당이 있다고 해도 임보 중인 개와 매일 밖으로 산책을 나가야 한다. 산책은 개와 할 수 있는 가장 중요한 일이다.

🐾 입양 가정을 고려해서 체계적으로 놀아 준다

모든 놀이는 체계적이어야 하고 개의 방식이 아닌 사람의 방식대로 해야 한다. 개가 자유롭게 놀고 싶어 하더라도 입양자에게 어린 자녀가 있다면 거칠게 놀다가 파양될 가능성도 있다. 규칙을 많이 적용하면서 체계적으로 놀이를 한다.

임보자는 입양되어 평생 가족과 함께 살 수 있는 개로 만들겠다는 의지를 갖고 그에 알맞은 일을 하는 것이다. 새로운 가정에 쉽게 적응하고 사랑받는 가족의 일원이 되게 최대한 노력해야 한다.

핵심 포인트

- 사람과 함께하는 생활에 익숙해지게 하려면 임보가 가장 좋은 방법이다. 그러려면 임보 네트워크를 만들고 단체를 제대로 운영할 수 있을 정도로 키워야 한다.
- 임보 중인 개에게는 많은 규칙을 적용한다.
- 임보 중에는 능동적이고 체계적으로 교육해서 개가 입양된 가정에 잘 적응할 수 있도록 돕는다.

8장
입양하고픈
개로 만들기

봉사자가 모르는 사이 개에게
나쁜 습관을 들이기도 한다

　이 장에서는 돌보는 개를 입양이 더 잘 되는 개로 만들고, 좋은 가정에 입양될 가능성을 높이는 몇 가지 비결에 대해서 이야기할 것이다.

　봉사자가 보호소의 개를 어떻게 대하고 어떤 일은 소홀히 했는지는 개의 입양 유무, 입양 시기에 지대한 영향을 미친다. 심사숙고하여 계획적으로 행동하지 않으면 개가 해피엔딩을 맞을 기회를 놓칠 수 있다.

　개와 보내는 시간을 대수롭지 않게 생각해서는 안 된다. 별 것

아닌 것 같은 일이 개의 행동에 장기적으로 큰 영향을 미칠 수 있다. 좋은 뜻을 가진 봉사자들이 개에게 나쁜 습관이 생기게 하거나 부추기는 모습을 목격한 적이 많다. 유기견 입양에 관해서는 큰 그림을 가지고 움직여야 한다.

보호소에서 개를 체계적으로 돌보기는 힘들다. 하지만 개가 입양되었을 때 가정에서의 생활에 적응할 수 있는 규칙과 지침을 가르치는 것은 반드시 해야 할 일이다. 개에게 하는 모든 일이 개의 행동을 더 좋게 만들 수도 있고 더 나쁘게 만들 수도 있음을 잊지 않는다.

좋은 행동을 갖게 하는 기본적인 교육법

🐾 자유로운 산책 5분 후 사람이 산책을 주도한다

어떤 훈련이든 즐거운 산책으로 시작하는 것이 바람직하다. 산책은 개가 견사라는 환경에서 벗어나서 심리 상태를 개선시킬 수 있는 아주 좋은 방법이다. 산책은 치유 효과도 매우 뛰어나며 사람과 유대를 맺는 아주 훌륭한 도구다.

개를 견사에서 꺼낸 후 5분 정도 개가 리드 줄을 잡아당기며 마음대로 산책을 주도하게 한다. 너무 많은 것을 제약하지 않는다. 그런 다음에 사람의 속도와 산책 방식에 맞추게 한다. 산책하다가 가끔 한 번씩 줄을 느슨하게 한 채 멈춰 서서 개와 눈을 마주친다. 개는 사람에게 집중하는 법을 배운다.

🐾 사람과 눈을 마주치고 앉는 교육을 한다

비장의 무기인 냉동 건조한 간이나 맛있는 간식을 상으로 준비한다. 산책 중에 간식을 주면서 개와 눈을 마주치고 간단한 앉기 교육을 한다.

사람의 속도에 맞춰 15분 정도 걷기만 하다가 사람과 눈을 마주치면서 앉는 게 가능해지면 다른 교육을 시도해 본다.

🐾 모든 개는 다르다, 완벽을 바라지 않는다

모든 개는 다르다. 그러므로 반응도 제각각이다. 에너지가 넘쳐 어떤 명령도 거부하고 간식조차 거부하는 개도 있을 것이다. 완벽을 바라서는 안 된다. 함께 시간을 보내는 만큼 개선되는 것이 있을 것이다. 체계가 잡힌 즐거운 산책을 20분 이상하고 나면 맘껏 뛰어다닐 수 있게 놀 수 있는 놀이공간으로 데리고 가도 된다.

요약하면 먼저 산책을 하면서 사람에게 집중하도록 교육한 다음 맘껏 뛰놀 수 있게 하는 것이다. 입양 희망자의 눈에 입양하고 싶은 개로 만들기에 가장 좋은 교육 순서다. 이런 교육 덕분에 미래의 가족과 평생 같이할 수 있을 것이다.

임보처에서 너무 자유롭게 지내면 입양 후에 힘들다

모든 개에게 각기 다른 규칙을 적용해야 한다. 개들은 각각 좋은 것, 싫은 것이 다를 수 있다. 보호소에서 사람을 보고 반가워서 점프하는 개를 예뻐하는 사람들이 있는데 장차 그 개를 입양할 가족에게 어린 아이가 있다면 가족에게 뛰어오르는 행동은 파양의 원인이 될 수 있다. 개가 아무리 예뻐도 그런 행동에 보상을 해서는 안 된다.

가장 중요한 것은 개를 입양할 사람의 성향이다. 입양자가 개에게 많은 규제를 하는 사람일 수 있으므로 그런 상황에 대비해야 한다.

개를 지나치게 자유롭게 돌보는 임보자가 많다. 침대, 소파 등의 가구에 올라가거나 사람과 함께 침대에서 자는 것을 허용하는 사람들이 많다. 철장을 사용하지 않기도 한다. 하지만 입양자는 개가 소파에 올라가지 않기를 바라고 집을 비울 때면 철장에 넣어둘 수도 있다. 이렇게 되면 개가 입양처에 가서 적응하기가 어려워진다.

그러므로 보호소나 임보 가정에서 오히려 많은 규칙을 적용하는 것이 좋다. 그러다가 입양을 한 가정에서 지켜야 할 규칙이 적다면 개는 쉽고 빠르게 적응할 수 있을 것이다. 반대로 임보 가정에서 누리던 자유를 입양 후 하루아침에 빼앗긴다면 개에게 견디기 힘든 일일 수 있다.

모든 것은 입양을 위한 것이고, 한 번 들인 습관은 사라지지 않는다.

첫인상이 중요하다

🐾 더 이상 설명이 필요 없는 멋진 이름을 짓는다

첫인상은 매우 중요하다. 사람은 처음 만난 대상에 대해 순간적으로 판단한다. 뭔가를 보거나 듣는 즉시 뇌는 경험과 가치관에 기초하여 처리하고 이름표를 붙이기 시작한다.

따라서 보호소의 개가 입양 가기를 원한다면 입양을 하기 위해 보호소를 찾은 사람들에게 최고로 좋은 첫인상을 줄 수 있도록 노력해야 한다. 다시 말해서 눈에 들어야 한다는 것이다.

어떻게 해야 사람들에게 강렬한 첫인상을 줄 수 있을까?

개의 이름이 시작이다. 개가 구조단체에 구조되어서 들어오면 어떻게 이름을 짓는지 생각해 보자. 많은 구조단체가 이름 짓는 것을 대수롭지 않게 생각한다. 대체로 떠오르는 대로 짓는다. 너무 바쁘다 보니 개가 입양되는 데 적합한 이름이 뭘까 생각할 겨를이 없다.

하지만 이름만 들어도 그 개가 어떤 개인지 알 수 있고, 발음하기 쉽고, 더 이상 설명이 필요 없는 이름을 짓는 것은 중요하다. 사람들이 이름만 들어도 그 개를 상상하고 자신과 함께 사는 모습을 떠올릴 수 있어야 한다. 사람들은 웹사이트에 올라온 입양 공고를 보면서 그 개가 자신의 개라면 어떨지 상상하게 되기 때문이다. 이름을 부르는 것부터 다른 사람들에게 개를 소개하는 것까지 자신이 개와 하게 될 일을 생각한다.

물론 입양한 다음 이름을 바꿀 수도 있지만 사람들은 개와 처음 만날 때 그렇게 먼 일까지 생각하지 않는다. 사람의 뇌는 순간적으로 작동한다. 그러니 입양할 사람이 개를 긍정적으로 떠올릴 수 있는 이름이 좋다.

🐾 대형견에게 강한 이름을 짓지 않는다

이름과 관련해서 저지르는 심각한 잘못은 체격이 크고 우람한 품종의 이름을 짓는 데서 종종 드러난다. 핏불, 마스티프, 로

트와일러, 도베르만 등 대형견에게 헐크, 쿠조Cujo(스티븐 킹의 소설 〈쿠조〉에 나오는 개의 이름. 순한 개가 광견병에 걸려 돌변하는 내용이다), 골리앗, 탱크 등 무섭고 강한 인상을 주는 이름을 짓는 것은 피해야 한다. 다가가기 쉬운 이름이 좋다. 큰 개일수록 두려움을 연상시키는 이름을 붙이는 일이 빈번해서 적당한 이름의 중요성을 언급하지 않을 수 없다.

온라인에 올릴 사진에 최선을 다한다

보호 중인 개의 사진을 어떻게 찍느냐는 입양 결정에 매우 큰 영향을 끼친다. 입양 대기 중인 유기동물 정보가 올라오는 사이트인 펫파인더(www.petfinder.org, 미국과 캐나다의 유기동물 입양 사이트)의 사진을 보면 표정도 이상하고 눈에서 붉은 레이저 광선을 쏘고 있는 사진도 많다. 심각하다. 입양 공고 사진은 유기동물 사이트를 찾은 사람들에게 '저 개를 입양해서 나도 저런 사진을 찍고 싶다'는 마음이 들 수 있는 것을 올려야 한다.

🐾 좋은 사진을 찍기 위한 기본적인 요령

1. 개의 눈높이에 맞춰서 사진을 찍는다 개를 내려다보면서 사진을 찍지 않는다. 바닥에 엎드려서 개와 같은 눈높이에서 사진을 찍는다.

2. 사진을 찍는 장소도 중요하다 절대로 보호소를 배경으로 사진을 찍지 않는다. 사람들이 개와 함께 있는 자신의 모습을 그려볼 수 있는 자연 환경을 찾아라.

3. 여러 장 촬영한다 시각 자료를 많이 제공할수록 잠재적 입양자가 개와 살며 함께할 수 있는 것들을 상상할 수 있다.

4. 기왕이면 좋은 카메라를 사용한다 자동 카메라를 버리고 DSLR를 사용한다. 사진의 질이 하늘과 땅 차이다.

5. 촬영 전문가에게 맡긴다 굳이 사진작가일 필요는 없다. 사진을 잘 찍는 봉사자가 있을 것이다. 취미로 사진을 찍는 사람이래도 좋은 사진을 찍을 수 있다.

6. 좋은 조명을 사용한다 조악한 조명만큼 사진을 망치는 것은 없다. 가능하면 자연광에서 찍는다. 너무 강한 햇빛은 눈에 거슬리는 그림자가 만들어지니 피한다.

7. 영상을 활용한다 사람들은 개의 짧은 영상으로도 어떤 개인지 파악할 수 있다. 요즘은 스마트폰에 고화질 영상을 찍을 수 있는 비디오카메라가 장착되어 있어서 조명만 적절하면 근사한 영상을 촬영할 수 있다.

옷이든 스카프든 개에게 다가올 수 있게 치장한다

유기견 입양 행사 등 공공장소에 나갈 때에는 개를 잘 치장한다. 사람들이 개에 주목하고, 다가와서 눈을 맞추고, 개에 대해 알고 싶게 해야 한다.

우선 사람들에게 가족을 찾는 개라는 사실을 알려줄 뭔가가 필요하다. 우리 단체에서는 '입양해 주세요'라고 적힌 밝은 노란색 리드 줄을 사용한다. 목에 스카프를 두르거나 조끼를 입힐 수도 있다. 개가 만날 모든 사람에게 가족을 찾고 있는 개라는 사실을 알릴 수 있으면 된다. 지나가던 사람이 자신이 찾는 개라고 할 수도, 아는 사람이 찾는 개니 연락해 보겠다고 할 수도 있다. 온 세상에 가족을 찾는 개라고 알린다.

사람들의 이목을 집중시키고 질문을 이끌어 낼 수 있도록 티셔츠, 나비넥타이, 선글라스 등의 창의적이고 멋진 패션 아이템도 이용한다. 체격이 우람한 품종에게 두툼한 목도리를 둘러주

면 화려해 보여서 사람들이 쉽게 다가온다. 어떤 방법으로든 사람들이 다가와 개와 만나게 할 방법을 찾는다.

핵심 포인트

- 견사에서 개를 꺼낸 다음 가장 먼저 산책을 한다.
- 규칙을 확실히 정하고 입양될 확률이 낮아질 일을 개에게 허용하지 않는다.
- 잘 어울리는 이름을 지어 주고 근사한 사진을 찍는다. 잠재적 입양자가 좋은 첫인상을 느낄 수 있도록 노력한다.
- 공공장소에 나갈 때에는 개에게 '입양해 주세요'라고 적힌 무언가를 착용시킨다.

9장

여러 방식으로
개를 노출한다

개와 사람을 직접 만나게 하는 것이
가장 좋은 입양 방법이다

🐾 보호소에 찾아오는 사람들만 바라보고 있으면 안 된다

입양을 보내지 못한다면 지금까지 했던 모든 노력과 돌봄이 수포로 돌아가는 것이다. 적절한 방식으로 개를 노출해서 좋은 가족을 찾아야 한다. 개를 노출할 때는 단순히 사람들 앞에 모습을 드러내는 것이 아니라 좋은 첫인상을 주기 위해 개의 최고의 모습을 보여 주는 것이 핵심이다.

개를 입양시킬 수 있는 가장 좋은 방법은 사람들에게 '직접' 보여 주는 것이다. 세상에서 가장 근사한 사진, 글, 영상을 준비

한다고 해도 실제로 사람과 개가 직접 만나는 일과 비교할 수
없다.

개를 직접 만난 사람들은 개와 교감할 '진짜' 기회를 얻는다.
개를 입양할 의사가 없던 사람이 실제로 자신에게 꼭 맞는 개를
만난 뒤 마음이 완전히 바뀌는 경우도 있다.

보호소에 방문하는 사람들에게만 의존하면 개가 입양될 확률
이 낮아질 수밖에 없다. 개는 공공장소에 나가 사람들과 만나기
시작해야 한다. 더 많은 사람과 만날수록 개가 입양될 가능성이
높아진다.

가족을 잃은 개에게 입양은 복권에 당첨되는 것과 같다. 개를
보는 한 사람, 한 사람이 복권인 셈이고, 개가 더 많은 복권을 가
질수록 대박을 터뜨릴 확률이 높아진다. 개가 얼마나 많은 복권
을 가질지는 우리가 어떻게 하느냐에 달려 있다.

🐾 보호소 밖으로 나가서 입양의 날 행사를 연다

이미 실천하고 있다면 다행이지만 그렇지 않다면 서둘러 정
기적으로 입양의 날을 개최한다. 자원봉사자를 조직하고 지역의
펫숍, 병원 등 관련 업체에 연락한 뒤 보호소의 개들을 데리고
밖으로 나간다. 한 달에 한 번이라도 입양 행사는 큰 의미를 지
닌다. 개들이 많은 사람들 앞에 나가 더 많은 복권을 손에 쥐게
되는 순간이다.

보호소에서는 어떤 개가 복권에 당첨될지 알 수 없고, 데리고 나간 개 중에서 누가 복권에 당첨될지도 모른다. 하지만 입양이 되지 않을 개가 누구인지 우리는 알 수 없으니 사람들에게 개들을 직접 부지런히 소개해야 한다.

물론 에너지가 금방이라도 폭발할 것 같거나, 두려움에 떨거나, 사회화가 제대로 되지 않은 개를 입양 행사에 데리고 나가는 것은 안 된다. 그런 심리 상태로는 절대로 좋은 모습을 보여 줄 수 없으니 입양되지 못할 확률만 높일 뿐이다. 사람들이 개와 유대감을 느끼기는커녕 외면하고 돌아설 것이다. 개가 극도로 흥분하거나 폐쇄적이어서 분주한 공공장소에 나설 준비가 되지 않은 상태라면 보호소나 임보 가정에 머물게 해야 한다.

🐾 개 앞을 지나는 모든 사람이 입양 후보자다

그렇다고 포기해서는 안 된다. 재활과 교육을 병행하면서 개가 자신에게 관심을 보이는 사람 앞에 나설 다른 방법을 찾아야 한다. 개의 행동이나 태도 때문에 사람들이 개, 봉사자와 구조단체에 대해 나쁜 이미지를 갖게 될 수도 있다. 그러므로 봉사자는 개가 그런 상황에 처하지 않도록 노력한다.

입양 행사에 한 번도 나가 본 적이 없는 개는 막상 사람들 앞에서 어떻게 행동해야 할지 모른다. 그러므로 일단 시도해 본다. 개가 입양될 수 있는 배경을 만드는 데 최선을 다해야 한다. 가능하다면 실제 밖으로 나갔을 때처럼 연습을 하는 것도 좋다. 장난감이나 개껌 등을 이용해서 개의 관심을 유도하거나 사람들 앞에서 간단한 훈련 시범을 보이는 것도 좋다.

행사 당일 개가 최상의 상태가 되도록 노력한다. 그 개 앞을 지나가는 모든 사람이 가능성이고 복권이다. 그러니 개들을 보호소나 임보 가정에만 머무르게 두지 말고 부지런히 데리고 나가 사람들에게 소개한다.

온라인을 통해 입양 홍보를 하고 지지자를 만든다

🐾 인기가 많은 온라인 플랫폼에 입양 홍보를 한다

개를 사람들과 만나게 하는 두 번째로 좋은 방법은 온라인을 이용하는 것이다. 앞에서 소개한 입양 행사에 적용된 규칙이 대부분 여기에도 적용된다. 개가 지닌 최고의 모습을 보여 줘야 입양될 확률이 높아진다.

당장 개의 사진과 정보를 올린다. 페이스북, 인스타그램, 블로그, 카페, 트위터 등 어디든 상관없다. SNS(Social Network Services, 사회관계망서비스) 또는 소셜 미디어는 모든 사람이 개를 볼 수 있는 강력한 매체다. 대부분 무료고, 모든 사람에게 열려 있으며, 대부분의 사람들이 이용한다.

지역의 제일 유명한 쇼핑센터보다도 소셜 미디어 세상의 유동인구가 더 많다. 이런 온라인 세상에 제대로 된 클릭 몇 번으로 개에게 산더미같이 많은 입양 기회를 줄 수 있다.

물론 쉽지만은 않다. 소셜 미디어 플랫폼이 수도 없이 많기 때문이다. 유기견 구조만으로도 시간이 모자라는 판에 모든 소셜 미디어를 섭렵할 시간이 없다.

선택과 집중이 중요하다. 추천하는 SNS는 유튜브, 인스타그램, 페이스북, 트위터 등이다. 모두 유효 사용자 수가 많고, 매우 시각적이기 때문이다(한국에서는 이미 위험에 처하거나 유기된 동물의 구조나 입양 등에 SNS가 유용하게 쓰이고 있다).

🐾 멋진 사진과 흥미진진한 글, 공감과 교류 등의 요소가 필요하다

개의 입양 홍보에 도움이 되고, 조직의 세력과 지지자 층을 늘릴 수 있는 최고의 플랫폼을 선택한 후에 활용한다. 소셜 미디어를 유용하게 활용하는 법을 몇 가지 적어본다.

1. SNS에 단체나 보호소 페이지를 만들고 정기적으로 게시물을 올린다.
2. 중요한 것은 입양이 필요한 개들의 입양 홍보 글만 줄지어 올리지 않는 것이다. 아이들의 다른 이야기나 정보 등 다양한 이

야기를 이것저것 섞어서 재미있게 만든다. 사람들이 즐겨찾는 곳이 되어야 한다.

3. 사람들이 공유할 만한 이미지를 만든다. 그러기 위해서는 좋은 사진과 영상을 찍어야 한다. 더 나아가 사진에 사람들의 관심을 이끌어 낼 만한 창의적이고 멋진 글을 첨부한다. 사진이 더 많이 공유될수록 개의 입양 기회도 그만큼 높아진다.

4. 온라인을 통해 사람들과 교류한다. 소셜 미디어의 가장 큰 장점은 일방적 정보 전달이 아니라 쌍방 소통이다. 게시물을 올리는 것이 끝이 아니다. 올린 게시물에 댓글을 단 사람들과 교류해야 한다. 대화를 하면서 상대에 대해서 알아간다. 이렇게 친밀해진 사람들이 단체의 열렬한 지지자가 되고, 단체의 일에 관심을 보이는 사람이 될 것이다. 관심을 보인 사람들을 방치하지 말고, 유대관계를 지속적으로 가지면서 참여를 유도해 낼 수 있어야 한다. 이것이 입양이 필요한 아이들에 대한 관심을 이끌어 내는 최고의 방법이다.

개를 입양 보내고 싶다면 개를 구조하고 돌보는 것만큼 개를 사람들에게 알리는 데 공을 들여야 한다.

핵심 포인트

- 개와 사람들이 직접 만났을 때 입양될 확률이 가장 높아진다.
- 개를 더 많이 노출하기 위해 소셜 미디어를 제대로 활용한다.
- 공유하기 좋은 이미지를 만들고, 관심을 보이는 사람들과 적극적으로 교류한다.

10장
개와 찰떡궁합
가족 찾기

해피엔딩을 위한 좋은 가족 찾기의 비결

이 책에서 제안하는 모든 일의 궁극적인 목적은 사랑받아 마땅한 개들을 사랑해 줄 가족을 찾는 것이다.

어떤 집이든 입양되는 것이 보호소나 거리에서의 삶보다는 낫다. 하지만 맞는 가족이 아니면 결국 보호소로 돌아오게 되고, 한 번 파양되어 돌아올 때마다 개가 다시 입양될 확률은 급격하게 떨어진다. 해피엔딩과 멀어지는 셈이다. 적합한 입양 가정을 찾는 것은 가장 중요한 과정인데도 많은 구조단체가 이 과정을 성급하게 처리하려 든다. 개와 사람 모두에게 서로 가장 적합한 상대를 연결시켜 줘야 한다. 개와 처음 사는 사람도 있을 테니 입양자에게 반려인이 된다는 것에 대해 제대로 알려주어 잘 준비할 수 있게 하고, 입양을 보낸 뒤에도 문제가 있을 수 있으므로 도움을 주기 위해 지켜봐야 한다.

개를 돌보는 동안 많은 노력을 쏟아 부었어도 입양 단계에서 최선을 다하지 않으면 그간의 노력은 물거품이 된다. 모든 개들이 남은 삶을 행복한 가정에서 보내는 해피엔딩을 이끌어 낼 수 있는 몇 가지 비결을 소개한다.

그러나 책에 실린 모든 일을 실천했을 뿐 아니라 그 이상을 했더라도 파양되어 돌아오는 개는 있다. 모든 것이 완벽했고, 입양자마저 완벽해 보였더라도 그저 잘 안 되는 경우가 있다. 안타깝지만 세상엔 그런 일이 일어난다.

우리는 모든 것을 통제할 수 없지만, 한편으로 할 수 있는 일도 엄청나게 많다. 어쩔 수 없는 일에 스트레스 받지 말고 할 수 있는 일에 최선을 다하자.

입양 희망자 심사하기

🐾 긴 입양 지원서를 작성할 의지가 있는가

좋은 입양자를 찾으려면 심사가 필요하다. 입양 희망자가 반려인으로 적합한지, 그들이 원하는 개와 그들의 생활방식이 어울리는지 알아봐야 한다.

심사 과정 중 첫 번째는 입양 지원서 받기다. 우리 단체의 지원서는 조금 길다. 일부러 길게 만들었다. 물론 조금이라도 더 많은 정보를 얻기 위해서기도 하다. 정보가 많을수록 지원자를 더 잘 이해하고 이들이 전반적으로 개를 키우기에 적합한 사람인지, 입양을 희망하는 개와 잘 맞는지를 판단할 수 있기 때문이다. 하지만 이게 전부가 아니다. 쓸 것이 많은 입양 지원서는 개를 입양하기에 적합하지 않은 사람들을 걸러내는 첫 번째 거름망이기도 하다. 고작 지원서를 작성하는 데 드는 시간이나 의지가 없는 사람이라면 개를 돌볼 시간과 의지가 있을 리 없다. 이런 방식으로 직접 말을 해보지 않고도 수많은 부적합자를 걸러낼 수 있다.

입양 문의를 한 사람에게 지원서를 받아내는 건 언제나 당연한 첫 번째 단계다. 이는 입양 희망자의 진심을 확인하는 것 이상의 의미가 있다. 반려인으로 적합하지 않은 사람에게 시간을

낭비하지 않아도 된다는 의미다. 자원봉사자는 많은 짐을 어깨에 짊어지고 사는데 그들의 시간을 낭비해서는 안 된다.

🐾 입양 지원서에 꼭 들어가야 하는 내용

입양 지원서의 질문 내용도 중요하다. 입양 지원서의 질문을 작성할 때 요령은 다음과 같다.

1. 입양 지원서 작성자 외에 개와 접촉하게 될 다른 사람이 있는지, 어린 아이가 있는지 알아본다. 만 4세 미만의 어린 아이가 있을 경우 아직 어린 강아지는 좋은 선택이 아닐 수 있다. 강아지는 이갈이 때문에 깨무는 습성이 있고 돌보는 데 시간이 많이 필요하기 때문이다.

2. 마당이 있는 집이 무조건 좋은 것도 아니다! 많은 구조단체는 마당 딸린 집을 소유한 지원자인지 아닌지를 지나칠 정도로 중요하게 생각한다. 하지만 마당을 가진 사람을 선호해야 하는 이유는 없다. 마당이 있다는 것은 개가 산책을 충분히 하지 못하고, 야외에 방치될 수도 있다는 의미다. 마당에 방치된 채 사람과 교류하지 못하는 시간은 개가 문제행동을 일으키는 주요 원인이다. 원칙만 지킨다면 울타리가 있는 마당은 정말 좋은 환경이지만 그런 경우가 꽤 드물다. 그러므로 마당이 있고 없음에 너무 매달리지 않는다. 마당이 있는 사람에게는 주의할 점에 대해 충분히 알려야 한다.

3. 가능하다면 입양 지원자 주변인의 의견을 들어본다. 물론 주변인이 장점만 이야기할 수도 있다. 하지만 의외로 놀랄 만큼 많은 주변인이 입양 희망자에 대해서 '이 사람은 개를 키워서는 안 됨'이라고 말한다. 주변인의 의견을 들을 때 주의 깊게 들어야 하는 것은 지원자가 말한 것과 일치하지 않는 이야기다. 또한 주변인으로부터 지원자의 성격과 생활방식의 단편을 들을 수 있다. 입양자보다 주변인의 의견이 대부분 더 정직하다.

4. 수의사의 의견을 구한다. 지원자가 개를 키웠거나 키우고 있는 사람이라면 다니는 동물병원에 대한 정보를 요구한다. 그런 다음 동물병원에 전화를 걸어 지원자가 개의 진료를 꾸준히 받는지, 잘 돌보는 사람인지 알아본다.

5. 입양 지원자의 생활방식에 대해서도 질문해야 한다. 어떤 생활방식을 가진 사람인지 알아야 가장 적합한 개를 연결시켜 줄 수 있다.

6. 반려견 교육에 대한 지원자의 의견을 듣는다. 입양한 개에게 문제가 있다면 교육을 해야 한다고 생각하는지, 어떤 방식의 교육을 원하는지, 혹시 폭력적인 교육방법(초크체인 사용하기, 배를 뒤집기, 체벌 등)을 써야 한다고 믿는지 등에 대해 묻는다.

입양을 거절해야 할 때도 있다

입양 지원서를 검토하고 주변인의 의견까지 들었다고 모든 것이 끝난 건 아니다. 한 가지 단계가 더 남아 있다. 가정방문이다.

많은 구조단체가 입양 희망자의 집을 직접 방문하지 않는다. 직접 방문은 시간도 걸리고 그 일을 맡을 자원봉사자를 구하기가 쉽지 않기 때문이다. 그러나 가정방문은 개와 입양 희망자가 서로에게 적합한 상대인지, 입양 희망자가 지원서를 사실대로 작성했는지를 확인하는 굉장히 중요한 과정이다.

지원서는 더할 나위 없이 훌륭했지만 막상 집을 방문해 보고 거절한 적이 몇 번 있다. 마당 울타리에 커다란 구멍이 난 상태인데 리드 줄을 채우지 않은 채 개를 정원에서 놀게 할 거라고 말한 사람, 집 안에 위험한 것 투성이인 사람, 건강하지 않은 환경에서 생활하는 사람 등이었다.

개가 대부분의 시간을 보낼 곳을 직접 가서 확인하지 않은 입양은 개의 삶을 두고 도박하는 것과 다를 바 없다.

입양 지원자가 감정적으로 입양을 결정하게 해서는 안 된다. 털이 보송보송한 귀여운 개의 얼굴을 보고 또는 드라마틱하고 슬픈 개의 스토리에 사로잡힌 사람들은 종종 입양 결정을 충동적으로 내릴 때가 있다. 이런 사람들에게는 다음 날 아침에도 여전히 같은 생각이 든다면 그때 입양하라고 조언하는 것이 좋다.

자격이 없는 사람을 걸러낼 수 있는 입양비

보호소, 보호단체, 구조자 등을 통해 유기견을 입양할 때 비용을 지불하지 않아도 된다고 생각하는 사람들이 많다. 하지만 합리적인 입양비는 여러 모로 필요하다.

입양비는 보호소나 구조단체를 운영하고 그곳의 개를 돌보는 데 드는 비용 중 일부라도 충당할 수 있다. 하지만 입양비가 절대적으로 필요한 이유는 자격이 없는 사람을 걸러내기에 아주 좋은 방법이기 때문이다. 입양비를 지불하지 않으려는 사람은 개를 키울 경제적 여건이 되지 않거나 정말 개를 키우고 싶은 게 아니다.

개를 키우는 데는 정기적으로 돈이 든다. 입양자는 개를 행복하고 건강한 상태로 유지하기 위해 필요한 돈을 투자할 준비가 되어 있어야 한다. 입양비가 부담이 될 정도라면 치료비나 사료 값을 어떻게 지불할 것인가. 입양자는 개를 키우는 데는 돈이 든다는 사실을 알아야 한다. 입양비도 내기 힘들다면 키울 여건이 안 된다는 사실을 입양 전에 아는 것이 낫다.

위에서 '합리적인' 입양비라고 말했는데 이것도 중요하다. 너무 비싼 입양비는 사람들을 돌아서게 만들고 돈벌이 수단이라는 잘못된 인식을 심어 줄 수 있다. 기금 마련을 목적으로 입양비를 받아서는 안 된다. 입양비가 아니더라도 조직 운영비는 다른 방법으로 얼마든지 모을 수 있다. 입양비는 개를 키울 재정적 여건이 안 되는 사람들을 찾아내기 위한 심사 과정이어야 한다.

개인적으로는 15~45만 원 사이가 합리적이고 수용 가능한 액수라고 생각한다. 물론 이 액수는 나라별, 지역별 경제 상황 등에 따라 달라질 수 있다.

때로는 직감에 따른다

앞에서 설명한 모든 것이 개를 입양 보낼 때 고려해야 하는 것이지만 가끔은 자신의 직감을 믿어야 할 때도 있다. 모든 것이 너무나도 좋아 보이지만 왠지 개와 사람이 잘 맞지 않을 것 같은 불길한 감이 들 때도 있고, 반대로 안 좋아 보이는데 무슨 이유에서인지 마음 속 깊은 곳에서 잘 될 거라는 느낌이 들 때도 있다. 그럴 때는 육감을 믿는다.

동물구조 활동 경험이 오래됐을수록 직감은 정확하다. 경험이 쌓일수록 좋은 사람과 나쁜 사람을 구분하는 일종의 '스파이더맨의 육감'이 생긴다. 이 육감이 좋은 결정으로 인도할 것이다.

확신이 서지 않을 때는 조언을 구할 수도 있다. 다른 관점에서 보면 무엇이 최선인지 명확하게 보일 때가 있다. 타인의 도움, 입양자에게 더 많은 질문하기, 입양자에 대한 더 많은 조사가 필요할 때도 있다.

개에게 그냥 집이 아니라 가족을 찾아줘야 한다

입양 희망자에게 너무 많은 것을 요구하면 결국 입양을 포기할 거라고 생각할 수도 있다. 실제로 그런 이유로 돌아서는 사람도 있다. 하지만 우리가 찾는 것은 그냥 집이 아니라 개에게 꼭 맞는 집이다. 입양 과정이 간단한 구조단체 및 보호소들은 높은 입양률을 자랑하지만 파양되는 숫자도 엄청나다.

입양을 보내되 개에게 적합한 반려인, 적합한 가족을 찾아야 한다. 물론 쉽지 않은 일이지만 책에 나온 내용들을 충실히 따르고 충분한 시간을 투자한다면 개의 평생 가족을 반드시 찾을 수 있다.

핵심 포인트

- 그냥 집이 아니라 꼭 맞는 가족을 찾아줘야 한다.
- 궁합이 맞는 개와 사람을 만나게 하기 위해 꼼꼼한 심사 과정을 거친다.
- 가능하면 가정방문을 한다.
- 입양비는 개를 키우는 데 필요한 비용을 감당할 수 없는 사람을 걸러낼 정도로 높아야 하지만 입양을 꺼릴 정도로 높아서는 안 된다.

버려진 개들을 위해 애쓰는 모든 사람이 슈퍼히어로다

언젠가 집 없는 개가 없는 날이 오기를 꿈꾼다. 하지만 모두 알다시피 도움이 필요한 동물은 언제나 존재한다. 개에게 좋은 가족을 찾아주었다고 기뻐하지만 그것도 잠시, 곧 수많은 개들이 보호소로 들어온다. 동물구조는 결코 끝나지 않는 일이다. 하지만 이런 생각을 떨쳐내지 않으면 무기력해지고 낙심하기 쉽다.

가끔 무력감이 들 때도 있지만 함몰되어서는 안 된다. 불행을 겪고 있는 개들도 많지만 가족을 찾은 개의 행복하고 성공적인 이야기도 존재한다. 시추 종인 스티치는 나이가 많고, 두려움이 많아서 특별한 관리가 필요한 상태로 보호소에 들어왔다. 엄청나게 폐쇄적이었고 움직임이 거의 없었다. 입양을 위해 사람들 앞에 보이기에 악조건이란 악조건은 모두 지닌 셈이었다. 스티치는 임보 가정에서 평생을 지낼 것 같은 확신이 들었다. 그런데 놀랍게도 스티치는 완벽한 가족을 찾았다. 스티치가 숨어 있는 껍질을 깨고 밖으로 나올 수 있도록 온 마음으로 돕겠다고 나선 사람이 있었다.

가여운 스티치가 가족을 찾을 수 있다면 세상에 그러지 못할 개는 없다는 생각이 들었다. 동물구조를 하다 보면 가끔은 의기소침해지지만 그럴 때면 스티치를 떠올리며 희망을 갖는다.

슈퍼히어로는 상상 속에만 존재하는 가상의 존재가 아니라 오늘날 현실에 존재하는 사람들이다. 그들은 만화책에 나오는 슈퍼히어로와 똑같다. 그들은 평범한 일에 종사하고 실생활에서 자주 어려움을 겪으며 때로 저평가되고 종종 오해받는다. 하지만 어떤 개가 자신의 도움을 필요로 하는 순간 그들은 나타난다. 어려움에 처한 개를 도울 특별한 능력을 지녔고, 개들이 보내는 도움을 요청하는 목소리에 대답해야 한다는 책임감을 느끼는 사람들. 그런 사람이 바로 슈퍼히어로다. 집 없이 떠도는 개들의 영웅이다.

길에서 죽고, 보호소에서 안락사로 죽는 유기견 문제에 관심이 없는 사람들은 개를 위해서 뛰어다니는 사람들이 무엇을 하는지, 왜 그 일을 하는지 이해하지 못할 수도 있다. 하지만 그들에게 고마워하고 필요로 하는 수많은 존재가 있다는 사실을 알아주기를 바란다.

버려진 개들을 위해서 그곳에 있어 주어 고맙다. 갈 곳 없는 동물에 대한 사람들의 헌신과 희생, 지칠 줄 모르는 봉사에 감사한다. 우리 모두 함께한다면 개 한 마리, 한 마리의 삶을 바꿀 것이고 결국 전혀 다른 세상을 만들 수 있을 것이다.

정말 고맙다.

책공장더불어의 책

유기동물에 관한 슬픈 보고서
(환경부 선정 우수환경도서, 어린이도서연구회에서 뽑은 어린이·청소년 책, 한국간행물윤리위원회 좋은 책, 어린이문화진흥회 좋은 어린이책)
동물보호소에서 안락사를 기다리는 유기견, 유기묘의 모습을 사진으로 담았다. 인간에게 버려져 죽임을 당하는 그들의 모습을 통해 인간이 애써 외면하는 불편한 진실을 고발한다.

순종 개, 품종 고양이가 좋아요?
사람들은 예쁘고 귀여운 외모의 품종 개, 고양이를 좋아하지만 많은 품종 동물이 질병에 시달리다가 일찍 죽는다. 동물복지 수의사가 반려동물과 함께 건강하게 사는 법을 알려준다.

버려진 개들의 언덕
(학교도서관저널 추천 도서)
인간에 의해 버려져서 동네 언덕에서 살게 된 개들의 이야기. 새끼를 낳아 키우고, 사람들에게 학대를 당하고, 유기견 추격대에 쫓기면서도 치열하게 살아가는 생명들의 2년간의 관찰기.

개가 행복해지는 긍정교육
개의 심리와 행동학을 바탕으로 한 긍정교육법으로 50만 부 이상 판매된 반려인의 필독서. 짖기, 물기, 대소변 가리기, 분리불안 등의 문제를 평화롭게 해결한다.

임신하면 왜 개, 고양이를 버릴까?
임신, 출산으로 반려동물을 버리는 나라는 한국이 유일하다. 세대 간 문화충돌, 무책임한 언론 등 임신, 육아로 반려동물을 버리는 사회현상에 대한 분석과 안전하게 임신, 육아 기간을 보내는 생활법을 소개한다.

개에게 인간은 친구일까?
인간에 의해 버려지고 착취당하고 고통받는 우리가 몰랐던 개 이야기. 다양한 방법으로 개를 구조하고 보살피는 사람들의 아름다운 이야기가 그려진다.

노견 만세
퓰리처상을 수상한 글 작가와 사진 작가가 나이 든 개를 위해 만든 사진 에세이. 저마다 생애 최고의 마지막 나날을 보내는 노견들에게 보내는 찬사.

후쿠시마에 남겨진 동물들
(미래창조과학부 선정 우수과학도서, 환경부 선정 우수환경도서, 환경정의 청소년 환경책)
2011년 3월 11일, 대지진에 이은 원전 폭발로 사람들이 떠난 일본 후쿠시마. 다큐멘터리 사진 작가가 담은 '죽음의 땅'에 남겨진 동물들의 슬픈 기록.

후쿠시마의 고양이
(한국어린이교육문화연구원 으뜸책)
동일본 대지진 이후 5년. 사람이 사라진 후쿠시마에서 살처분 명령이 내려진 동물을 죽이지 않고 돌보고 있는 사람과 함께 사는 두 고양이의 모습을 담은 사진집.

동물과 이야기하는 여자
SBS〈TV 동물농장〉에 출연해 화제가 되었던 애니멀 커뮤니케이터 리디아 히비가 20년간 동물들과 나눈 감동의 이야기. 병으로 고통받는 개, 안락사를 원하는 고양이 등과 대화를 통해 문제를 해결한다.

개.똥.승.
(세종도서 문학 부문)
어린이집의 교사면서 백구 세 마리와 사는 스님이 지구에서 다른 생명체와 더불어 좋은 삶을 사는 방법, 모든 생명이 똑같이 소중하다는 진리를 유쾌하게 들려준다.

용산 개 방실이
(어린이도서연구회에서 뽑은 어린이·청소년 책, 평화박물관 평화책)
용산에도 반려견을 키우며 일상을 살아가던 이웃이 살고 있었다. 용산 참사로 갑자기 아빠가 떠난 뒤 24일간 음식을 거부하고 스스로 아빠를 따라간 반려견 방실이 이야기.

사람을 돕는 개
(한국어린이교육문화연구원 으뜸책, 학교도서관저널 추천도서)
안내견, 청각장애인 도우미견 등 장애인을 돕는 도우미견과 인명구조견, 흰개미탐지견, 검역견 등 사람과 함께 맡은 역할을 해내는 특수견을 만나본다.

치료견 치로리
(어린이문화진흥회 좋은 어린이책)
비 오는 날 쓰레기장에 버려진 잡종 개 치로리. 죽음 직전 구조된 치로리는 치료견이 되어 전신마비 환자를 일으키고, 은둔형 외톨이 소년을 치료하는 등 기적을 일으킨다.

고양이 그림일기
(한국출판문화산업진흥원 이달의 읽을 만한 책)
장군이와 흰둥이, 두 고양이와 그림 그리는 한 인간의 일 년 치 그림일기. 종이 다른 개체가 서로의 삶의 방법을 존중하며 사는 잔잔하고 소소한 이야기.

고양이 임보일기
《고양이 그림일기》의 이새벽 작가가 새끼 고양이 다섯 마리를 구조해서 입양 보내기까지의 시끌벅적한 임보 이야기를 그림으로 그려냈다.

우주식당에서 만나
(한국어린이교육문화연구원 으뜸책)
2010년 볼로냐 어린이도서전에서 올해의 일러스트레이터로 선정되었던 신현아 작가가 반려동물과 함께 사는 이야기를 네 편의 작품으로 묶었다.

고양이는 언제나 고양이였다
고양이를 사랑하는 나라 터키의, 고양이를 사랑하는 글 작가와 그림 작가가 고양이에게 보내는 러브레터. 고양이를 통해 세상을 보는 사람들을 위한 아름다운 고양이 그림책이다.

나비가 없는 세상
(어린이도서연구회에서 뽑은 어린이·청소년 책)
고양이 만화가 김은희 작가가 그려내는 한국 고양이 만화의 고전. 신디, 페르캉, 추새. 개성 강한 세 마리 고양이와 만화가의 달콤쌉싸래한 동거 이야기.

펫로스 반려동물의 죽음
(아마존닷컴 올해의 책)
동물 호스피스 활동가 리타 레이놀즈가 들려주는 반려동물의 죽음과 무지개다리 너머의 이야기. 펫로스(pet loss)란 반려동물을 잃은 반려인의 깊은 슬픔을 말한다.

강아지 천국
반려견과 이별한 이들을 위한 그림책. 들판을 뛰놀다가 맛있는 것을 먹고 잠들 수 있는 곳에서 행복하게 지내다가 천국의 문 앞에서 사람 가족이 오기를 기다리는 무지개다리 너머 반려견의 이야기.

고양이 천국
(어린이도서연구회에서 뽑은 어린이·청소년 책)
고양이와 이별한 이들을 위한 그림책. 실컷 놀고, 먹고, 자고 싶은 곳에서 잘 수 있는 곳. 그러다가 함께 살던 가족이 그리울 때면 잠시 다녀가는 고양이 천국의 모습을 그려냈다.

깃털, 떠난 고양이에게 쓰는 편지
프랑스 작가 클로드 앙스가리가 먼저 떠난 고양이에게 보내는 편지. 한 마리 고양이의 삶과 죽음, 상실과 부재의 고통, 동물의 영혼에 대해서 내려간다.

인간과 개, 고양이의 관계심리학
함께 살면 개, 고양이와 반려인은 닮을까? 동물 학대는 인간학대로 이어질까? 248가지 심리 실험을 통해 알아보는 인간과 동물이 서로에게 미치는 영향에 관한 심리 해설서.

암 전문 수의사는 어떻게 암을 이겼나

암에 걸린 세계 최고의 암 수술 전문 수의사가 동물 환자들을 통해 배운 질병과 삶의 기쁨에 관한 이야기가 유쾌하고 따뜻하게 펼쳐진다.

채식하는 사자 리틀타이크

(아침독서 추천도서, 교육방송 EBS 〈지식채널e〉 방영)

육식동물인 사자 리틀타이크는 평생 피 냄새와 고기를 거부하고 채식 사자로 살며 개, 고양이, 양 등과 평화롭게 살았다. 종의 본능을 거부한 채식 사자의 9년간의 아름다운 삶의 기록.

대단한 돼지 에스더

(환경부 선정 우수환경도서, 학교도서관저널 추천도서)

인간과 동물 사이의 사랑이 얼마나 많은 것을 변화시킬 수 있는지 알려 주는 놀라운 이야기. 300킬로그램의 돼지 덕분에 파티를 좋아하던 두 남자가 채식을 하고, 동물보호 활동가가 되는 놀랍고도 행복한 이야기.

동물을 위해 책을 읽습니다

(국립중앙도서관 사서 추천 도서, 한국출판문화산업진흥원 중소출판사 우수콘텐츠 제작지원 사업 선정)

우리는 동물이 인간을 위해 사용되기 위해서만 존재하는 것처럼 살고 있다. 우리는 우리가 사랑하고, 함께 입고 먹고 즐기는 동물과 어떤 관계를 맺어야 할까? 100여 편의 책 속에서 길을 찾는다.

동물에 대한 예의가 필요해

일러스트레이터인 저자가 지금 동물들이 어떤 고통을 받고 있는지, 우리는 그들과 어떤 관계를 맺어야 하는지 그림을 통해 이야기한다. 냅킨에 쓱쓱 그린 그림을 통해 동물들의 목소리를 들을 수 있다.

동물을 만나고 좋은 사람이 되었다

(한국출판문화산업진흥원 출판 콘텐츠 창작자금지원 선정)

개, 고양이와 살게 되면서 반려인은 동물의 눈으로, 약자의 눈으로 세상을 보는 법을 배운다. 동물을 통해서 알게 된 세상 덕분에 조금 불편해졌지만 더 좋은 사람이 되어 가는 개·고양이에 포섭된 인간의 성장기.

고양이 질병의 모든 것

40년간 3번의 개정판을 낸 고양이 질병 책의 바이블. 고양이가 건강할 때, 이상 증상을 보일 때, 아플 때 등 모든 순간에 곁에 두고 봐야 할 책이다. 질병의 예방과 관리, 증상과 징후, 치료법에 대한 모든 해답을 완벽하게 찾을 수 있다.

우리 아이가 아파요!
개·고양이 필수 건강 백과

새로운 예방접종 스케줄부터 우리나라 사정에 맞는 나이별 흔한 질병의 증상·예방·치료·관리법, 나이 든 개, 고양이 돌보기까지 반려동물을 건강하게 키울 수 있는 필수 건강백서.

개, 고양이 사료의 진실

미국에서 스테디셀러를 기록하고 있는 책으로 2007년 멜라민 사료 파동 등 반려동물 사료에 대한 알려지지 않은 진실을 폭로한다.

개 피부병의 모든 것

홀리스틱 수의사인 저자는 상업사료의 열악한 영양과 과도한 약물사용을 피부병 증가의 원인으로 꼽는다. 제대로 된 피부병 예방법과 치료법을 제시한다.

개·고양이 자연주의 육아백과

세계적인 홀리스틱 수의사 피케른의 개와 고양이를 위한 자연주의 육아백과. 50만 부 이상 팔린 베스트셀러로 반려인, 수의사의 필독서. 최상의 식단, 올바른 생활습관, 암, 신장염, 피부병 등 각종 병에 대한 대처법도 자세히 수록되어 있다.

사향고양이의 눈물을 마시다

(한국출판문화산업진흥원 우수출판 콘텐츠 제작지원 선정, 환경부 선정 우수환경도서, 학교도서관저널 추천도서, 국립중앙도서관 사서가 추천하는 휴가철에 읽기 좋은 책, 환경정의 올해의 환경책)

내가 마신 커피 때문에 인도네시아 사향고양이가 고통받는다고? 내 선택이 세계 동물에게 미치는 영향, 동물을 죽이는 것이 아니라 살리는 선택에 대해 알아본다.

묻다
(환경부 선정 우수환경도서, 환경정의 올해의 환경책)

구제역, 조류독감으로 거의 매년 동물의 살처
분이 이뤄진다. 저자는 4,800곳의 매몰지 중
100여 곳을 수년에 걸쳐 찾아다니며 기록한
유일한 사람이다. 그가 우리에게 묻는다. 우리
는 동물을 죽일 권한이 있는가.

숲에서 태어나 길 위에 서다
(환경부 환경도서 출판 지원사업 선정)

한 해에 로드킬로 죽는 야생동물은 200만 마
리다. 인간과 야생동물이 공존할 수 있는 방법
을 찾는 현장 과학자의 야생동물 로드킬에 대
한 기록.

동물복지 수의사의 동물 따라 세계 여행
(한국출판문화산업진흥원 중소출판사 우수콘텐츠 제작지원
선정, 학교도서관저널 추천도서)

동물원에서 일하던 수의사가 동물원을 나와
세계 19개국 178곳의 동물원, 동물보호구역
을 다니며 동물원의 존재 이유에 대해 묻는다.
동물에게 윤리적인 여행이란 어떤 것일까?

동물원 동물은 행복할까?
(환경부 선정 우수환경도서, 학교도서관저널 추천도서)

동물원 북극곰은 야생에서 필요한 공간보다
100만 배, 코끼리는 1,000배 작은 공간에 갇혀
살고 있다. 야생동물보호운동 활동가인 저자가
기록한 동물원에 갇힌 야생동물의 참혹한 삶.

고등학생의 국내 동물원 평가 보고서
(환경부 선정 우수환경도서)

인간이 만든 '도시의 야생동물 서식지' 동물원
에서는 무슨 일이 일어나고 있나? 국내 9개 주
요 동물원이 종보전, 동물복지 등 현대 동물원
의 역할을 제대로 하고 있는지 평가했다.

동물 쇼의 웃음 쇼 동물의 눈물
(한국출판문화산업진흥원 청소년 권장도서, 한국출판문화산
업진흥원 청소년 북토큰 도서)

동물 서커스와 전시, TV와 영화 속 동물 연기
자, 투우, 투견, 경마 등 동물을 이용해서 돈을
버는 오락산업 속 고통받는 동물들의 숨겨진
진실을 밝힌다.

야생동물병원 24시
(어린이도서연구회에서 뽑은 어린이·청소년 책, 한국출판문
화산업진흥원 청소년 북토큰 도서)

로드킬 당한 삵, 밀렵꾼의 총에 맞은 독수리, 건
강을 되찾아 자연으로 돌아가는 너구리 등 대
한민국 야생동물이 사람과 부대끼며 살아가는
슬프고도 아름다운 이야기.

똥으로 종이를 만드는 코끼리 아저씨
(환경부 선정 우수환경도서, 한국출판문화산업진흥원 청소년
권장도서, 서울시교육청 어린이도서관 여름방학 권장도서, 한국
출판문화산업진흥원 청소년 북토큰 도서)

코끼리 똥으로 만든 재생종이 책. 코끼리 똥으
로 종이와 책을 만들면서 사람과 코끼리가 평
화롭게 살게 된 이야기를 코끼리 똥 종이에 그
려냈다.

고통받은 동물들의 평생 안식처
동물보호구역 (환경부 선정 우수환경도서, 환경정의 올
해의 어린이 환경책, 한국어린이교육문화연구원 으뜸책)

고통받다가 구조되었지만 오갈 데 없었던 야생
동물의 평생 보금자리. 저자와 함께 전 세계 동
물보호구역을 다니면서 행복하게 살고 있는 동
물을 만난다.

동물학대의 사회학 (학교도서관저널 올해의 책)

동물학대와 인간폭력 사이의 관계를 설명한다.
페미니즘 이론 등 여러 이론적 관점을 소개하
면서 앞으로 동물학대 연구가 나아갈 방향을
제시한다.

동물주의 선언 (환경부 선정 우수환경도서)

현재 가장 영향력 있는 정치철학자가 쓴 인간
과 동물이 공존하는 사회로 가기 위한 철학
적·실천적 지침서.

인간과 동물, 유대와 배신의 탄생
(환경부 선정 우수환경도서, 환경정의 선정 올해의 환경책)

미국 최대의 동물보호단체 휴메인소사이어티
대표가 쓴 21세기 동물해방의 새로운 지침서.
농장동물, 산업화된 반려동물 산업, 실험동물,
야생동물 복원에 대한 허위 등 현대의 모든 동
물학대에 대해 다루고 있다.

동물들의 인간 심판

(대한출판문화협회 올해의 청소년 교양도서, 세종도서 교양 부문, 환경정의 청소년 환경책, 아침독서 청소년 추천도서, 학교도서관저널 추천도서)

동물을 학대하고, 학살하는 범죄를 저지른 인간이 동물 법정에 선다. 고양이, 돼지, 소 등은 인간의 범죄를 증언하고 개는 인간을 변호한다. 이 기묘한 재판의 결과는?

실험 쥐 구름과 별

동물실험 후 안락사 직전의 실험 쥐 20마리가 구조되었다. 일반인에게 입양된 후 평범하고 행복한 시간을 보낸 그들의 삶을 기록했다.

물범 사냥

(노르웨이국제문학협회 번역 지원 선정)

북극해로 떠나는 물범 사냥 어선에 감독관으로 승선한 마리는 낯선 남자들과 6주를 보내야 한다. 남성과 여성, 인간과 동물, 세상이 평등하다고 믿는 사람들에게 펼쳐 보이는 세상.

동물은 전쟁에 어떻게 사용되나?

전쟁은 인간만의 고통일까? 자살폭탄 테러범이 된 개 등 고대부터 현대 최첨단 무기까지, 우리가 몰랐던 동물 착취의 역사.

전쟁의 또 다른 비극, 개 고양이 대량 안락사

1939년, 전쟁 중인 영국에서 40만 마리의 개와 고양이가 대량 안락사 됐다. 정부도 동물단체도 반대했는데 보호자에 의해 벌어진 자발적인 비극. 전쟁 시 반려동물은 인간에게 무엇일까?

햄스터

햄스터를 사랑한 수의사가 쓴 햄스터 행복·건강 교과서. 습성, 건강관리, 건강식단 등 햄스터 돌보기 완벽 가이드.

토끼

토끼를 건강하고 행복하게 오래 키울 수 있도록 돕는 육아 지침서. 습성·식단·행동·감정·놀이·질병 등 모든 것을 담았다.

활동가, 자원봉사자, 입양자,
임보자가 한 번쯤 보기를 권하는 책

**유기견 입양
교과서**

초판 1쇄 2020년 9월 21일
초판 2쇄 2022년 5월 31일

글쓴이 페르난도 카마초
옮긴이 조윤경
그린이 홍화정(@hongal.hongal)

편집 김보경, 남궁경
디자인 나디하 스튜디오(khj9490@naver.com)
인쇄 정원문화인쇄

펴낸이 김보경
펴낸곳 책공장더불어

책공장더불어
주소 서울시 종로구 혜화동 5-23
대표전화 (02)766-8406
팩스 (02)766-8407
이메일 animalbook@naver.com
홈페이지 http://blog.naver.com/animalbook

ISBN 978-89-97137-42-8 (13490)